Siegfried Basmer

Die Kingtaube

Siegfried Basmer

Die Kingtaube

Zucht und Haltung
Europastandard und Farbenschläge

Oertel+Spörer

Bildnachweis
Titelbild: Walter Dieterle (1,0, Schwarztiger)
Innenteilbilder:
Hans Berger S. 47, 52, 58, 67, 70(2), 73, 74 u., 75 o., 76 o., 77(2), 79, 80, 81, 82, 84, 85, 86; Zivojin Cebzan S. 122 r., 123 r.; Walter Dieterle S. 147, 150 r.; Ariane Gaust S. 9, 69, 75 u., 78, 88(2), 121; Andreas Gehrmann S. 19, 27(2), 28(3), 42 u., 46, 55, 57, 61, 62, 65, 71 o., 72 u., 74 o., 76 u., 89; Norbert Gehrmann S. 116; Fritz Gruber S. 127; Walter Hermann S. 122 l.; Dieter Klenk S. 71 u.; Wendelin Miller S. 148; Klaus Mittendorfer S. 113 r., 170; Dr. Uwe Oehm S. 42 o., 43, 49, 50; Armin Pfister S. 25, 120, 128, 141, 142; Udo Prediger S. 139 r.; Herbert Saliter S. 111 r., 124 r., 125; John Schröder (USA) S. 23; Dr. Karl-Heinz Swoboda S. 129; Kurt Vogel S. 72 o., 133, 134, 135(2), 136; Gustav Weber S. 115 r., 117; Harald Wels S. 111 l., 112, 150 l.; Benno Zapf S. 124 l., 140 r.; Jürgen Zwingmann S. 144; Foto-Basis Unterschleißheim S. 130 l., 139 l.
Alle anderen Fotos stammen aus dem KCD-Archiv.
Musterbild und farbige Zeichnungen: Ralf Schmid und Ernst Million

Haftungsausschluss

Bibliografische Information der Deutschen Nationalbibliothek
Die Deutsche Nationalbibliothek verzeichnet diese Publikation in der Deutschen Nationalbibliografie; detaillierte bibliografische Daten sind im Internet über http://dnb.d-nb.de abrufbar.

Postfach 16 42 · 72706 Reutlingen

Schrift: 9/11 p Stone Sans
Lektorat: Dr. Gabriele Lehari
DTP und Repro: raff digital gmbh, Riederich
Druck und Bindung: Oertel+Spörer Druck und Medien-GmbH+Co., Riederich
Printed in Germany
ISBN 978-3-88627-615-8

Inhalt

Vorwort

Die Kingtaube hat sich in den letzten zehn Jahren so stark weiterentwickelt, dass 2009 der Taubenzeichner Ralf Schmid beauftragt wurde, ein neues Musterbild zu entwerfen. Die für damalige Verhältnisse traumhafte blaufahlgehämmerte Championtäubin von Armin Pfister auf der Hauptsonderschau 2005 in Spangenberg war für mich der Auslöser, den Entwurf eines neuen Bildes anzuregen, waren doch die Spitzentiere nach meiner Auffassung bereits besser als das damals gültige Musterbild. Jetzt musste man entscheiden, ob man die Entwicklung der Tauben zurückdrehen will und das alte Bild festschreibt oder ob man sich ein neues Ziel setzt, an dem man sich für die Zukunft ausrichten kann.
Nachdem über einen längeren Zeitraum festgestellt werden konnte, dass auch diese „neuen" Typen ebenso zuchtfreudig und vital sind wie die bisherigen mit einem flacheren Körper, war man sich schnell einig, den Weg in die Zukunft zu gehen und den Kingtyp weiterzuentwickeln, immer mit Blick auf das Mutterland USA, denn es kann in unserer globalisierten Welt nur einen King geben. Nach mehrmaliger Abstimmung in den Gremien wurde der Entwurf von Ralf Schmid als gültiges Musterbild für den KCD erklärt.

Im Jahr 2011 wurde der Europastandard für Kingtauben beschlossen, der nach den Regularien des Europäischen Verbands für Geflügel-, Tauben-, Vogel-, Kaninchen- und Caviazucht (Entente Européenne d'Aviculture et de Cuniculture – EE) eng am Ursprungsland der Kingtaube, den USA, ausgerichtet wurde. Da unsere deutsche Musterbeschreibung bisher schon weitgehend an den amerikanischen Standard angelehnt war, flossen viele unserer Passagen in das europäische Werk ein.

Ein neues Musterbild und ein neuer Standard sind auslegungsbedürftig. Deshalb ist jetzt genau der richtige Zeitpunkt gekommen, alle diese Neuerungen zu kommentieren und die Ziele näher zu erläutern. Dies will ich mit diesem Buch tun. Es soll sowohl den Züchtern als auch den Preisrichtern tiefer gehende Informationen über die Kingtaube vermitteln.
Die Entwicklung der Kingtaube wird aus der amerikanischen und deutschen Geschichte heraus bis hin zum heutigen Stand dargestellt.
Die derzeit anerkannten 51 Farbenschläge werden in Wort und Bild gezeigt und so ein umfassender Eindruck über die Farbvielfalt vermittelt. Wenn man den Kingtyp über alle Farbenschläge vereinheitlichen will, sind Farbkreuzungen zweifellos zielführend. Um damit besser umgehen zu können, wird ein Einblick in die Farbgenetik unserer King gegeben. Für den interessierten Züchter gibt es außerdem noch vielfältige Erfahrungswerte über Zucht, Haltung und Pflege der Kingtaube nachzulesen.

Ich möchte mich bei meinen Mithelfern Andreas Gehrmann, Armin Pfister, Walter Hermann und Wilfried Brinkmann recht herzlich bedanken. Ohne das Einbringen ihres reichhaltigen Erfahrungsschatzes wäre dieses Werk in dem Umfang nicht möglich gewesen.
Mein ganz besonderer Dank gilt meinem Zuchtfreund Hans Berger, der mich mit umfangreichem, sehr gut aufbereitetem Bildmaterial versorgt hat, sowie Ralf Schmid und Ernst Million, die für die farbigen Musterbilder mit verantwortlich zeichnen.

Ich wünsche mir, dass dieses Buch zu weiteren Diskussionen der Züchter untereinander und mit den Organen des KCD beitragen möge, um uns gegenseitig zu inspirieren, die Weiterentwicklung zum Wohle der Kingtaube voranzutreiben.

Siegfried Basmer im März 2014

Entwicklungsgeschichte der Kingtaube

Die züchterische und organisatorische Entwicklung der King in ihrem Ursprungsland

Den Text schrieb der anerkannte King-Spezialist W. B. (Rip) Schroeder († 1986) aus Shakopee/Minnesota im Jahre 1968.

Der weiße King wurde um das Jahr 1890 im Staate New Jersey erzüchtet. Wohl nehmen mehrere Züchter für sich in Anspruch, Urheber dieser Rasse zu sein; dennoch nehmen die meisten Fachleute an, Erzüchter des weißen King sei Harry Baker aus Vineland/New Jersey gewesen.

Im Jahre 1890 war Harry Baker auf den Gedanken gekommen, eine Allzwecktaube zu züchten und in ihr die besten Eigenschaften und Merkmale sowohl von Rasse- als auch von Nutztauben zu vereinigen. Ihm schwebte eine schöne, große Taube vor, die zusätzlich noch in hervorragendem Maße fruchtbar sein sollte. Zur Zucht dieser Allzwecktaube wählte er die Duchess wegen ihres Liebreizes, die Homertaube (Brieftaube) wegen ihrer Munterkeit und schnellen Fortpflanzung, die Maltesertaube wegen ihrer ausgeprägten Huhntaubenform und die Runt (Römer) wegen ihrer Körperform und -größe. Mr. Baker züchtete nur mit weißen Tauben; Farbprobleme bei der Erzüchtung dieser neuen Rasse entstanden deshalb nicht.

Im Jahr 1892 hatte Bakers Zucht einen solchen Fortschritt erzielt und die Ergebnisse der Kreuzungen der genannten vier Rassen waren für ihn so erfreulich, dass er sich entschloss, seiner Züchtung den Namen Kingtaube zu geben, um damit anzudeuten, sie seien die Könige unter den Rassetauben.
In der Nähe von Mr. Bakers Haus wohnten einige aktive Taubenzüchter, die, als sie von seinen weißen King hörten, einige Paare von ihm kauften und mit ihnen ebenfalls zu züchten anfingen. Es waren die ersten weißen King, die Mr. Bakers Taubenschlag verließen. Er aber fuhr bis zum Jahre 1895 fort, die weißen King zu vervollkommnen, als ihn die Umstände zwangen, die Taubenzucht aufzugeben. Die Trennung von allen weißen King erfolgte zu einer Zeit, als außer seinen unmittelbaren Nachbarn noch niemand von seiner Züchtung etwas wusste.

Mr. Bakers Tauben wurden an William McMahon aus Vineland/New Jersey und an Harry Troth aus Millville/New Jersey verkauft. Diese beiden Männer setzten die Züchtung dieser Tauben einige Jahre lang fort; in dieser Zeit verkauften sie weiße King an einige andere Taubenliebhaber, so auch an Eugen G. Giroux aus Vineland/ New Jersey. Mr. Giroux und sein Bruder begannen die Zucht weißer King zu Tausen-

STANDARD DES WEISSEN KING

Körper	*Kurz und fest, schwere Schultern, auffallend tiefe Brust und breiter Rücken.*	*20 Punkte*
Haut	*Außergewöhnlich hell und blassrot.*	*5 Punkte*
Kopf	*Runder Schädel, neigt zur Stirnfülle.*	*5 Punkte*
Augen	*Groß, strahlend und sehr fesselnd. Die Iris erscheint pechschwarz, ist aber bei einwandfreier Beleuchtung rötlich braun. Der Augenrand ist mittelgroß, seine Farbe korallenrot.*	*5 Punkte*
Schnabel	*Von mittlerer Länge, kräftig im Ansatz und von blassroter oder Fleischfarbe.*	*5 Punkte*
Nasenwarzen	*Fein im Gewebe, V-förmig, fleischfarben und matt.*	*5 Punkte*
Hals	*Gut proportioniert, doch geschmeidig, in sehr schweren Schultern und ungewöhnlich breiter Brust endigend.*	*5 Punkte*
Füße und Beine	*Stark und von mittlerer Länge, blutrot in der Farbe, frei von Federn, unter den Körper gut zurückgesetzt; Zehen gut gespreizt.*	*5 Punkte*
Gang	*Sehr ritterlich; der Schwanz wird zur Standfläche parallel getragen. Die Schwanzunterlinie ist die Verlängerung der Unterlinie des Körpers.*	*10 Punkte*
Federn	*Sehr dicht, weich und glatt.*	*10 Punkte*
Flügel	*Dicht am Körper anliegend, weit vorne endigend und auf dem Schwanz ruhend.*	*10 Punkte*
Gewicht	*Täubinnen 17 Unzen (480 g) und mehr, Täuber 23 Unzen (650 g) und mehr.*	*10 Punkte*
Farbe	*Völlig weiß.*	*5 Punkte*
Ausschlussfehler	*Andere Farbe als Weiß, gelbweiße Tönung am Hals, Untergewicht, befiederte Beine oder Füße, anderer als korallenroter Augenrand.*	

den; sie gründeten später die White King Squab Company (Weiße King-Jungtauben-Kompanie). Mithilfe eines umfangreichen Werbefeldzuges begründeten sie die heute weitreichende Beliebtheit der Kingtaube in den Vereinigten Staaten.
Die weißen King wurden mit jedem Jahr beliebter. Während der Ausstellungssaison von 1914/15 regten Züchter im Mittelwesten die Gründung eines Spezialklubs an, damit die weißen King gefördert und ihre Anerkennung als Standardrassetaube durchgesetzt werde. Im März 1915 wurde die American White King Association (Amerikanische Vereinigung der Weißen-King-Züchter) ins Leben gerufen. Unter den neun Gründungsmitgliedern wurde Frank H. Hollmann aus Warrenton/Missouri, Besitzer und Herausgeber des American Pigeon Journal, zum Sekretär und Kassenwart der neuen Organisation gewählt; er ist das einzige Gründungsmitglied, das noch aktiv ist und King züchtet. Die neun Züchter, die den Originalentwurf der Satzung, der zusätzlichen Bestimmungen und den ersten Standard ausgearbeitet hatten, waren außer Frank H. Hollmann (sein Archiv wurde zum Großteil von Karlheinz Sollfrank/Nürnberg in das Deutsche Taubenmuseum übernommen) E. E. Nichols und J. B. Castledine, beide aus Kansas City/Miss.; Dr. A. E. O´Donnell, Wilson/Kansas; Frank Richardson, Great Bend/Oklahoma; John Baxter, Bartlesville/Oklahoma; Cary E. Rall und John A. Hope, beide aus Fort Worth/Texas, und Ned Reed aus Puxico/Missouri.
Ende des Jahres 1915 zählte die amerikanische Vereinigung der Weißen-King-Züchter 44 Mitglieder. Zur gleichen Zeit wurde auch ihr erstes Jahrbuch veröffentlicht. Der ursprüngliche Standard of Perfection des idealen King lautet nach dieser Veröffentlichung wie auf Seite 11 aufgeführt.

Die erste Jahresversammlung der Vereinigung mit Ausstellung fand im November 1915 in St. Louis/Missouri statt. Ausgestellt wurden 72 weiße King. Die zweite Jahresversammlung mit Ausstellung wurde im März 1917 in Fort Worth/Texas abgehalten. Die Meldezahl betrug diesmal 119 King. Damit wurde das Ausstellungsergebnis der ersten Schau bereits um 47 Tauben übertroffen. Die auf diesen beiden Schauen ausgestellten weißen King hatten nur eine geringe Ähnlichkeit mit den heutigen weißen King. Veröffentlichungen von Fotografien preisgekrönter King des Jahrbuches 1915/16 zeigen lange und flach gestaltete King, Tiere mit langen Schwingen, langem Schwanz, kleinem Kopf und dünnem Hals.

Zur gleichen Zeit waren andere Züchter mit der Erzüchtung eines Silber-King beschäftigt. Mr. C. Ray King aus Los Angeles/Kalifornien stellte in einigen Taubenausstellungen Kaliforniens Silber-King in Volieren aus, obgleich Silber-King noch von keinem Taubenklub anerkannt waren und ein Standard für deren Zucht noch nicht bestand. Im Jahre 1919 arbeitete Mr. King den Text eines Standards für Silber-King aus und unterbreitete ihn dem kalifornischen Taubenklub von Oakland/Kalifornien.

Der Standard wurde genehmigt und ein Prämierungsschema auch für die Silber-King erlassen. Auf der fünften Jahresversammlung mit Ausstellung im Januar 1921 in Oakland/Kalifornien wurde der Name der American White King Association in American KIng-Club geändert; auch wurde der Standard überarbeitet, um die Zulassung der Silber-King zu ermöglichen.
Auf der Ausstellung wurden insgesamt 183 King, darunter 32 Silber-King, gezeigt. Auch Mr. King stellte Silber-King aus. Nach seiner Darstellung habe er Silber-Runts mit Silber-Maltesern und Silber-Homern gepaart, die Nachkommen aus diesen Kreuzungen habe er an Silber-Mondain gestellt, und er habe so lange gepaart, bis alle Nachkommen dieser Kreuzungsrassen annähernd ein Viertel des Blutes jeder dieser Rassen besaß. Dabei machte er die Feststellung, dass diese Nachkommen die Vitalität und die guten Fütterungseigenschaften der Homer, die großen Ausmaße der Runts und Mondain und den kurzen Körper und die breite Brust der Malteser hatten. Mithilfe der genannten Kreuzungen hatte er sein Zuchtziel erreicht und rasch entschlossen nannte er seine Schöpfung Silber-King.

Zur selben Zeit züchtete Mr. F. M. Washburn aus Kalifornien Silber-Runts und Silber-Malteser. Wiederholt machte er die Beobachtung, dass aus der Kreuzung eines Runt-Täubers mit einer Malteser-Täubin kurze, stämmige Tauben mit einer breiten Brust hervorgingen. Diese Kreuzungsnachkommen entsprachen in etwa dem neuen Standard der Silber-King des Mr. King, doch waren sie größer als der Standard sie forderte. Washburn stellte seine Tauben an der Westküste unter den anderen Silber-King mit aus.

Die Silber-King waren gegen Ende der 1930er- und Anfang der 1940er-Jahre sehr beliebt; auf einigen Bezirksausstellungen des Amerikanischen King-Clubs waren sie häufiger zu sehen als die weißen King. Auf der Jahresversammlung im Januar 1942 in Long Beach/Kalifornien übertrafen die Silber-King mit 261 Tieren die 217 weißen King erheblich. Trotz dieser bedeutenden Ausstellungszahlen war die Schau von Long Beach eine der kleinen Jahresausstellungen des Amerikanischen King-Clubs, wohl eine Folge des Zweiten Weltkriegs und der Einschränkung in jenen Dingen, die kriegsunwichtig waren. Es war das

Musterbild des AKC 1930

erste und einzige Mal, dass auf einer Jahresschau die ausgestellten Silber-King die weißen King übertrafen. Dennoch bleibt zu beachten, dass die Silber-King in diesen Jahren, auch wenn sie in geringerer Anzahl ausgestellt worden waren als die weißen King, häufiger die Auszeichnung „Grand Champion“ (großer Favorit/Sieger) erhielten, als nach ihrer Qualität gegenüber den weißen King zu erwarten war. Silber-King erhielten die Auszeichnung „Grand Champion“ auf den Jahresausstellungen des Amerikanischen King-Clubs in den Jahren 1939, 1941, 1942, 1946, 1948, 1949, 1950 und 1951; eine weiße King-Täubin wurde Sieger im Jahr 1940, eine blaue King-Täubin 1947. In den Jahren 1943, 1944 und 1945 fielen die Jahresausstellungen infolge des Krieges aus.

Die Abstammung der blauen King ist unbekannt; doch haben mehrere Züchter gleichzeitig mit ihrer Zucht begonnen und sie ausgestellt. Um das Jahr 1929 wurden blaue King von einer beträchtlichen Anzahl von Liebhabern gezüchtet; auf der Jahresausstellung des Amerikanischen King-Clubs 1929 in Sumter/Südcarolina waren 100 Tiere dieses Farbenschlages ausgestellt. Die blauen King erreichten ihre höchste Ausstellungszahl in den Vereinigten Staaten anlässlich der Versammlung des Amerikanischen King-Clubs im Jahre 1940, als 162 Tiere gezeigt wurden. Eine junge, blaue King-Täubin wurde auf der 32. Ausstellung des Amerikanischen King-Clubs im Jahr 1947 in Lynchburg/Virginia zum Siegertier erklärt; ein alter blauer King-Täuber wurde Sieger der Jahresschau des Amerikanischen King-Clubs 1953 in Des Moines/Iowa. Nur auf diesen beiden Jahresausstellungen des Amerikanischen King-Clubs stellten die blauen King die Siegertiere.

Angaben und Daten von Züchtern, die sich der roten, gelben, schwarzen und dunfarbigen King zuwandten, liegen nicht vor. Zwar wurden auch diese Farbenschläge in den Standard des Amerikanischen King-Clubs aufgenommen, doch haben sie unter den amerikanischen Züchtern nur wenige Liebhaber, und so werden auf den Bezirksschauen oder den Jahresausstellungen des Amerikanischen King-Clubs nur wenige Tiere gezeigt. Allerdings halten diese Züchter ihren Farbenschlägen die Treue; sie geben sich Mühe und freuen sich über jede Verbesserung, die ihnen gelingt. Die roten und gelben King stehen gegenwärtig auf der gleichen Entwicklungsstufe wie die weißen King in den 30er-Jahren des 20. Jahrhunderts. Schwarze und dunfarbige King werden weiterentwickelt; sie sind zurzeit mit den weißen und Silber-King der 1940er-Jahre zu vergleichen.

Anlässlich der 11. Jahresschau des Amerikanischen King-Clubs im Januar 1927 in Belleville/Illinois wurden erstmals rote und gelbe King ausgestellt, obwohl diese Farbenschläge im Standard of Perfection des Amerikanischen King-Clubs noch nicht zugelassen waren.

Mitglieder des Amerikanischen King-Clubs stellten auf ihrer 16. Jahresversammlung im Januar 1932 in Louisville/Kentucky den Antrag, die Farbenschläge Blau, Rot, Gelb und Dunfarbig in den Standard aufzunehmen. Diese Farbenschläge waren seit einer Reihe von Jahren auf den Ausstellungen bereits gezeigt worden, obwohl sie noch nicht anerkannt waren. Auf der genannten Schau wurde die größte Anzahl von King, die in den Vereinigten Staaten bis dahin gezeigt worden war, mit 531 weißen und 335 Silber-King ausgestellt. Allerdings hatten die Besten dieser King noch einen langen Körper, dünnen Hals, kleinen Kopf und kurze Beine; doch waren sie bereits weniger lang und flach im Körper als jene der 1920er-Jahre.

Um 1940 erhielten die King ihre klotzige Form, die zum Gütezeichen dieser Rasse wurde. Im Januar des gleichen Jahres anlässlich der 24. Jahresversammlung des Amerikanischen King-Clubs in Philadelphia/Pennsylvanien stand in den Käfigen mit 911 King die größte Anzahl, die je auf einer Ausstellung in den Vereinigten Staaten gemeldet war. Die Siegertiere jener Ausstellung hatten einen kürzeren und niedrigeren Körper, volleren Hals und einen größeren Kopf als jene Sieger-King Anfang der 1930er-Jahre.

Anlässlich der 33. Jahresversammlung des Amerikanischen King-Clubs im Januar 1948 in Belleville/Illinois wurden die schwarzen King als siebter und letzter Farbenschlag anerkannt. Auf dieser Ausstellung standen 848 King in den Käfigen. Erstmals wurden hier die Tiere gewogen, bevor sie in die Käfige eingesetzt wurden. Alle King, deren Gewicht entweder über oder unter dem Standardgewicht lag, wurden vom weiteren Wettbewerb ausgeschlossen. Damit verschwanden alle jene King, die den wesentlichen Voraussetzungen des Standards nicht entsprachen – sehr zum Missvergnügen ihrer Besitzer.
Auf dem Geschäftstreffen des Amerikanischen King-Clubs wurde nach langer Diskussion beschlossen, die Gewichtsgrenze junger King von 32 auf 33 Unzen und jene der alten King von 34 auf 36 Unzen zu erhöhen, um die Anzahl der wegen Übergewichts vom Wettbewerb ausgeschlossenen King zu reduzieren.

Der Gedanke, die King vor dem Einsetzen in den Ausstellungskäfig zu wiegen, ging auf den Wunsch einiger Züchter zurück, eine einheitliche Größe des King einzuführen. Denn beim King dieser Entwicklungsstufe waren die Größen in den verschiedenen Teilen der Vereinigten Staaten noch zu unterschiedlich; so förderten die King-Züchter in Kalifornien und im fernen Westen allgemein einen kleineren, flotteren King-Typ, die Züchter in den Mittelwest- und Oststaaten dagegen einen größeren King mit großem Kopf und vollem Hals. Die meisten Taubenzüchter waren sich einig, dass die Größe des King in den Vereinigten Staaten einheitlich sein sollte; doch argumentierten viele, das Wiegen der King und die Nichtzulassung der

Musterbild des AKC 1952

über- und untergewichtigen Tiere sei nicht der richtige Weg zu einer einheitlichen Größe.
Auf der folgenden Jahresgeschäftsversammlung des Amerikanischen King-Clubs wurde beschlossen, die King vor dem Einsetzen in die Ausstellungskäfige nicht mehr zu wiegen, dafür aber einen Maßstab im Ausstellungsraum bereitzuhalten; das Wiegen aber sollte der Entscheidung des Preisrichters überlassen bleiben.
Nach dieser Regel wird heute gerichtet. Obwohl die Preisrichter das Gewicht eines King nur selten feststellen, wird die Größe der Tiere doch einheitlicher. Denn die Aussteller wissen, dass ihre Taube gewogen und vom weiteren Wettbewerb ausgeschlossen werden kann, sofern sie eindeutig Übergröße hat.

Die ersten wirklich standardgerechten King erschienen auf den Ausstellungen in den 1950er-Jahren. Bis zu dieser Zeit hatten nur wenige King eine gute Schwanzhaltung und jenen, die sie hatten, fehlte es an der richtigen Beinstellung. Unter den anlässlich der 37. Jahresversammlung des Amerikanischen King-Clubs im Januar 1952 in Des Moines/Iowa mit dem Grand-Champion-Preis ausgezeichneten King befand sich eine weiße Jungtäubin, die einen schönen Stand hatte und so rund wie ein Essteller aussah. Sie führte in den folgenden Jahren eine Parade von Siegertieren an, deren Stand und Beinstellung atemberaubend schön waren. Wer sie in den Käfigen sah, war hingerissen.
Diese King hatten eine ideale weite Beinstellung, ja sie waren darauf bedacht, diesen Stand beizubehalten und sich nicht zu bewegen, solange der Preisrichter sie begutachtete. Sie erschienen deshalb wie lebende Statuen idealer King, die man in die Ausstellungskäfige gesetzt hatte. Stand und Beinstellung waren für diese Tiere, die aus einer Zucht stammten, charakteristisch; dieses Merkmal zeichnete alle Tiere dieser Zucht aus. Wohl hatten sie auch einige unerwünschte Merkmale, die aber nur dann bemerkbar waren, wenn man sie in den Händen hielt.
Diese Merkmale waren ein vom Ansatzpunkt aus nicht weit genug nach unten reichendes Brustbein, wodurch ihr Körper sich flach anfühlte; diese Tiere erschienen ferner in Paradestellung in Schwanz und Körper länger als in den Ausstellungskäfigen, das Gefieder einiger Kings war weniger dicht und glatt, als es sein sollte.

Ihre Besitzer aber züchteten weiter und suchten ihre Tiere durch Paarung mit King zu verbessern, die einen kürzeren und tieferen Körper, besseres Gefieder und einen kürzeren Schwanz hatten, der am Ende nicht mehr als zwei Finger breit war.

Musterbild des AKC 1955

Seit 1954 stellten die weißen King auf den Bezirks- und Jahresausstellungen des Amerikanischen King-Clubs die meisten Siegertiere. In den Vereinigten Staaten gibt es zahlreiche hervorragende Züchter weißer King. Sie alle trachten Jahr für Jahr danach, bessere King als ihre Freunde und Konkurrenten zu erzüchten. Dies hatte zur Folge, dass im Jahre 1968 auf den King-Ausstellungen ein außerordentlich scharfer Wettbewerb einsetzte. Auf den größeren Schauen werden so viele wirklich gute King gezeigt und der Unterschied unter ihnen ist so gering, dass ein Preisrichter es schwer hat, das beste Tier jeder Klasse und jeder Farbe und das Siegertier der Ausstellung zu ermitteln.

Die Geschichte der Kingtaube ist eine Geschichte des Fortschritts. Auf der 1. Ausstellung im November 1915 wurden insgesamt 72 King ausgestellt. Seither haben Schauen mit mehr als 900 ausgestellten King stattgefunden. Ein Vergleich der Bilder der preisgekrönten King aus dem Jahrbuch der Amerikanischen Vereinigung der Weißen-King-Züchter des Jahres 1915 und jener der heutigen King-Ausstellungen macht den außergewöhnlichen und nahezu unglaublichen Fortschritt deutlich, den die Zucht in den vergangenen Jahren erfahren hat. Das Gewicht der Tiere hat sich ständig erhöht und ist von 17 Unzen, dem Standardgewicht des Jahres 1915, auf 37 Unzen, dem Standardgewicht des Jahres 1959, das in jenem Jahr von den Mitgliedern des Amerikanischen King-Clubs angenommen wurde und noch heute gültig ist, gestiegen.
Der Standard des King wurde im Laufe der Jahre häufig geändert, meist im Zuge einer Klärung des Textes oder durch die Betonung eines erwünschten Merkmals dergestalt, dass die Punkteverteilung anders geregelt wurde; das Ideal der Kingtaube aber, das jenen Männern vorschwebte, die den ersten Standard of Perfection verfassten, hat eine grundlegende Änderung nicht erfahren. Nach dem Wortlaut dieses ersten Standards wünschten sie einen King mit einem kurzen, breiten und

tiefen Körper, gut aufgesetzten Beinen und gut gespreizten Zehen, mit einem eng anliegenden und glatten Gefieder und einem stolzen Gang. Wir versuchen noch heute, diesen idealen King zu erzüchten und ihn auf breitester Basis der Züchterwelt vorzustellen.

Die Show-King-Tauben in Amerika von 1980 bis zur Gegenwart

(Text von Denis Rogers)

Ich wurde gebeten, einen Artikel über die Entwicklung der Amerikanischen King-Tauben in den USA während der letzten zwanzig Jahre zu schreiben. Ich begann ungefähr im Jahr 1981, die Show-King-Taube zu züchten, und kann daher über den gesamten Zeitraum, in dem ich Kingtauben gezüchtet habe, schreiben. Zu dieser Zeit wurde die Kingtaube nach einer früher festgeschriebenen Musterbeschreibung und nach einem Standard-Musterbild, das 1966 übernommen wurde, bewertet. Dieses Musterbild stellte eine Kingtaube dar, die einen fast waagerechten Rücken zeigte, obwohl die meisten Preisrichter zu dieser Zeit Tauben auswählten, die eher einen gewölbten Rücken mit einem höher getragenen Schwanz hatten, als nach dem Standard vorgegeben war.

An dieser Stelle muss ich den Grundsatz, wie Richter Tauben auswählen, näher erläutern. Ich weiß über die Bewertungsprozeduren in Europa Bescheid, bei denen die Tauben nach einem Punktesystem beurteilt werden. Die Tauben werden eingestuft und diejenigen mit der höchsten Punktzahl sind die besten. Hier in den Vereinigten Staaten haben wir einzelne Punkte, die den verschiedenen Aspekten der Taube zugeordnet sind, wie sie in unserem Standard („Standard of Perfection“) beschrieben werden, und diese Punkte werden während der Beurteilung berücksichtigt.

Musterbild des AKC 1966

Die Beurteilungsprozedur besteht jedoch zum einen darin, eine Taube mit der anderen zu vergleichen, und zusätzlich die Punkte zu berücksichtigen. In Amerika werden die Tauben in Klassen beurteilt und diese Klassen beinhalten

In den USA werden die Kingtauben öffentlich bewertet. Der Preisrichter schreibt keine Bewertungskarte, sondern entfernt die weniger Guten im Ausschlussverfahren wie hier im Bild Denis Rogers 2011 in San Diego.

eine andere Klasse für jede anerkannte Farbe wie auch Altersklassen. Junge weiße Täubinnen werden demnach alle zusammen als eine Klasse beurteilt, einjährige weiße Täuber als eine andere Klasse, alte weiße Täubinnen als wieder eine andere. Und so geht es weiter durch alle Farben.

Die Tauben, die beurteilt werden sollen, werden aus ihren einzelnen Ausstellungskäfigen geholt und in größere Bewertungskäfige gebracht, wo der Preisrichter sich jede einzelne Taube ansieht und die guten oder schlechten Punkte der jeweiligen Taube zur Kenntnis nimmt. Der Preisrichter oder die Preisrichterin vergleicht alle Tauben miteinander und beginnt damit, die einzelnen Tauben, eine nach der anderen, auszusortieren, bis nur noch eine Taube übrig ist, welche die Gewinnerin ihrer Klasse wird. Wenn jede Klasse beurteilt wurde und es für jede einen Gewinner gibt, dann werden alle diese erstplatzierten Tauben in den Bewertungskäfig gebracht und als eine Klasse beurteilt, und zwar auf die gleiche Art und Weise, wie sie vorher beurteilt wurden.

Der einzige Unterschied ist, dass diese Klasse Tauben aller Farben mit einschließt und die Farbe bei der Beurteilung nicht berücksichtigt wird. Dieses gilt als die „parade of champions".

Jede Taube scheidet auf die gleiche Art und Weise aus wie die Tauben in den einzelnen Klassen und die letzte Taube, die übrig bleibt, ist dann der Champion dieser Klasse. Die gesamte Bewertung wird sowohl in Anwesenheit der Besitzer gemacht als auch jedes anderen, der zuschauen möchte, was daher große Begeisterung auslöst.

Als ich dem AKC im Jahre 1981 beitrat, waren die anerkannten Farben Weiß, Schwarz, Blau mit Binden, Braunfahl (Silber), Rotfahl, Rezessiv Gelb, Rezessiv Rot, Dunfarbig (verdünntes Schwarz), Braun, Blaufahl und AOC. John Schroeder hatte im Jahr zuvor die Grand National Show mit einem jungen weißen Täuber gewonnen. Zu dieser Zeit nahmen in der National Show zwei Preisrichter die Bewertung vor: ein Preisrichter für die weißen und ein anderer für die farbigen Tauben. Die Auswahl der Preisrichter fand durch eine Wahl der AKC-Mitglieder statt. 1981 gab es im AKC 336 Mitglieder einschließlich der Mitglieder außerhalb der USA.
Im Jahre 1982 wurde die Farbe „Braunfahl“ offiziell in „Silber“ geändert und John Schroeder war dabei, der beste Kingtaubenzüchter zu werden, den es jemals gegeben hatte. Die Dynastien der Hirsch-Brüder aus den 1950er-Jahren und Fritz Freitas aus den 1960er-Jahren wurden durch die Schroeder-Dynastie ersetzt! Andere amerikanische Top-Kingtaubenzüchter dieser Zeit waren John Abreu, Ed Robertson, Doc und Peggy Horn, Paul Miller, Maurice Richards, Jim Tarrao, George O´Hara jr. sowie Kim und Laverne Miller.

Im Jahre 1983 gab es eine Veränderung bezüglich der Preisrichter bei der Grand National Show. Es wurde beschlossen, dass ein einziger Preisrichter die Bewertung vornehmen konnte. Im selben Jahr begann Paul Miller damit, die Black-King-Tauben werbewirksam zu fördern, indem er die „Black King Classic“ bei der AKC Second District Show in Highland, Illinois, durchführte. Es wurden 153 schwarze Kingtauben gemeldet, die größte Anzahl von schwarzen nach Jahren.
Zur gleichen Zeit wurde der Black King-Club mit 33 Mitgliedern gegründet, der die schwarze Kingtaube mit besonderen Preisen und Preisgeldern werbewirksam förderte. Dieser Verein hielt sich etwa vier oder fünf Jahre.
Bis zum Jahre 1986 gab es zahlreiche Kingtaubenzüchter, die Tauben in vielen Farben, die nicht vom AKC anerkannt wurden, züchteten. Dazu gehörten die Farben Indigo und Andalusier wie auch Reduced und Opal. Viele dieser neuen Farben wurden von Egon Thiel aus Arizona eingeführt und verbessert. Er führte Reduced und Dominant Opal bei den Kingtauben ein, wahrscheinlich durch Einkreuzen von Giant Homern. Er verbesserte die Indigo- und Andalusierfarben bei den Kingtauben, eingeführt wurden sie jedoch von Joe Frazier als El Monte in Kalifornien, indem er andalusische Giant Homer mit Kingtauben kreuzte. Egon Thiel erhielt die F1-Tauben, die Joe gezüchtet hatte, und verbesserte sie, indem er einige der besten Indigo- und Andalusier-Kingtauben züchtete, die es je gegeben hatte.
So kam es, dass durch die überwältigende Popularität dieser neuen Farben der AKC im Jahr 1986 sowohl eine neue Klasse für „Rare“ schuf als auch eine Klasse für die „Check“ (gehämmerten) Tauben hinzufügte. Die Rare-Klasse beinhaltet auch die Faded-King-Tauben, da Fade ein Faktor ist, den man bei jeder Farbe finden kann. Das Fade-Gen hellt die Farbe auf und verändert einige Aspekte in der Erscheinung

der Tauben. Faded-King-Tauben gab es bereits seit einiger Zeit, als ich eine blaue Faded-Täubin von Mac McCrary etwa um das Jahr 1982 erwarb und dann ziemlich gute Tauben in Faded, blau und rot, züchtete.

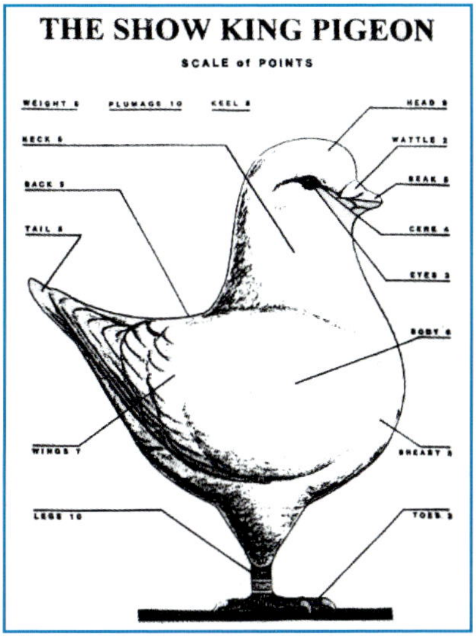

Bis 2013 gültiges Musterbild des AKC

Bis zum Jahr 1987 wählten die Preisrichter Tauben aus, die einen waagerechten Rücken zeigten und einfach viel besser aussahen als das alte Musterbild. Daher wurde von Dianne Jackey ein neues Musterbild erstellt, welches dann vom AKC bewilligt wurde. Dieses Bild wurde das neue Musterbild und war viel besser gemacht als die alte Version von 1966. Es zeigte einen viel höher getragenen Schwanz, einen runden Körper und einen größeren und besseren Kopf. Die Kingtauben veränderten sich auch, sie wurden kompakter und hatten einen kürzeren Körper. 1987 war auch das Jahr eines neuen Gewinners des Grand National. In diesem Jahr wurde John Schroeder als Preisrichter ausgewählt und er wählte eine einjährige weiße Taube als Grand Champion aus, die Egon Thiel gehörte.
In diesem Jahr erhöhte der Amerikanische King-Club auch seinen Mitgliedsbeitrag von 10 auf 20 Dollar, eine längst fällige Maßnahme.

Als 1990 ein neues Jahrzehnt anbrach, war John Schroeder noch immer der Top-King-Züchter in den Vereinigten Staaten, doch Egon Thiel trat in seine Fußstapfen. John stellte bei der Grand National Show, die in diesem Jahr in Los Angeles, Kalifornien, stattfand, nicht aus. Der Preisrichter dort war Jeff Tracht und er wählte einen jungen schwarzen Täuber als Grand Champion aus. Dieser Täuber gehörte Egon Thiel und war die erste farbige Taube, die das Grand National seit 1969 gewonnen hatte. (1969 gewann Fritz Freitas mit einer älteren braunfahlen Täubin.)
Außerdem waren etwa um das Jahr 1990 einige AKC-Mitglieder mit dem damaligen Auswahlverfahren durch die „Parade der Champions“ unzufrieden und sie wollten das Verfahren, nach dem die Tauben ausgewählt wurden, verändern. Sie wollten, dass der Preisrichter einen Champion aus jeder farbigen Klasse auswählt, dann alle diese farbigen Champions als eine Klasse aufstellt und den Grand Champion aus dieser Klasse auswählt. Dieses würde die lange Parade von erstplatzierten Vögeln ersetzen und wäre eine wirkliche „Parade der Champions“.

Dieses Verfahren wurde von den AKC-Mitgliedern bewilligt und trat 1991 bei der Grand National Show in Milwaukee, Wisconsin, in Kraft. Im darauffolgenden Jahr wurde jedoch das alte Auswahlverfahren, eine Parade aller erstplatzierten Tauben durchzuführen, wieder übernommen, und so ist es seitdem geblieben. Es scheint so, dass dieses das populärste Verfahren ist, in dem alle erstplatzierten Tauben – dieses sind gewöhnlich 50 bis 60 Tauben – an einer Endrunde teilnehmen. So entsteht eine große Begeisterung und Spannung, besonders wenn der Preisrichter zu den letzten zwei oder drei Tauben kommt. Wenn nur noch eine Taube übrig bleibt, wird sie als „Grand Champion" gekrönt.

Da es mehr und mehr Interesse an der Entwicklung neuer Farben gab, wurde die Grizzle-King-Taube sehr beliebt und es wurde entschieden, dass sie eine eigene Klasse bekommen sollte. Da auch die Anzahl der indigo- und andalusierfarbenen Tauben anstieg, wurde darüber abgestimmt, sie aus der Rare-Klasse zu streichen und auch für sie eine eigene Klasse einzuführen. Die neue Grizzle-Klasse schließt alle Farben der Grizzles mit ein. Die Indigo-Klasse enthält Indigo gehämmert, Indigo mit Binden und Andalusier. Und die Rare-Klasse enthält weiterhin Fades, Opals, Reduced usw. Seitdem wurden keine neuen Klassen zum AKC-Standard hinzugefügt und es sind auch keine weiteren geplant.

In der Mitte der 1990er-Jahre gab es einige Veränderungen innerhalb des amerikanischen King-Clubs und auch unter den Kingtaubenzüchtern. Der Schriftführer und Schatzmeister Stu Austin trat zurück und wurde durch Elli Murphy ersetzt, die noch heute diese Ämter ausübt. Das Kingtaubenhobby fand einige neue Anhänger und diese neuen Mitglieder wurden im AKC sehr aktiv. Neue Kingtaubenzüchter wie Charles Bacon, Billy Cunningham, Merle Meyer, Bill Sanders und Jimmy Stewart unterstützten den Club, indem sie mehrere Ämter übernahmen. Viele der „Old Timer" zogen sich zurück und gaben sich damit zufrieden, im Hintergrund zu sein. Andere Kingtaubenzüchter, die schon eine ganze Weile lang Kingtauben ausgestellt hatten, fingen an „auszubrechen", indem sie „Top Quality"-Tauben züchteten, die sich sehr gut in den Shows zeigten. Innerhalb dieser Gruppe waren Bill Harrisson, Ron Zottneck, Juan Gomez, Vince De Lillo, Paolo Di Canadia (alles kalifornische Jungs), Darvin Jenner und Joe Nethercot.

Wir begannen auch zu bemerken, dass die Amerikanische Show-King-Taube in Übersee an Beliebtheit gewann. Der AKC gewann viele neue Mitglieder aus Ländern wie Italien, Deutschland, Ungarn, Kanada, Kroatien und der Slowakei. Viele dieser neuen Mitglieder begannen, die USA zu besuchen, an den regionalen und nationalen Ausstellungen teilzunehmen und Kingtauben von sehr guter Qualität zu kaufen, um sie zu exportieren. Im Jahr 1996 wurde Egon Thiel sehr krank, sodass er seine Kingtauben nicht mehr aktiv ausstellen konnte. Doch zu der Zeit, als ich dieses schrieb, züchtete er noch immer einige Tauben zu Hause in einem Maß, in dem er sich noch um sie kümmern konnte.

Zum Ende des Jahrzehnts, kurz vor der Jahrtausendwende, war John Schroeder noch immer der Top-Züchter des Landes. Er kann sicherlich als der beste Kingtaubenzüchter, den es meiner Meinung nach jemals auf der Welt gegeben hat, bezeichnet werden, da er bis jetzt etwa 20 Grand-National-Titel gewonnen hat. Die Hirsch-Brüder und Fritz Freitas sind die Einzigen, die jemals näher an diesen Rekord herangekommen sind, jeder mit vier nationalen Gewinnen! Zum Ende des Jahrzehnts hatte sich der Black King-Club aufgelöst.

Die Show-King-Tauben werden immer noch besser und die farbigen Tauben machen sich in den Shows besonders gut. Die Tauben werden in ihrem Aussehen runder und zeigen eine bessere Beinstellung und Beinlänge. Und einige Züchter hier in den USA züchten kürzere Tauben, als es jemals gegeben hat, was zu der schönen runden Erscheinung beträgt. Ich habe verschiedene Artikel von Züchtern aus Übersee gelesen, die behaupten, dass in Amerika gezüchtete kurze Tauben keine guten Zuchttauben sind, weil sie die Eier nicht befruchten. Nun, ich stimme mit dieser Denkweise in keiner Weise überein. Ich habe viele schöne kurze Kingtauben gezüchtet und habe keine ernsthaften Probleme bezüglich der Fruchtbarkeit bei ihnen festgestellt. Eigentlich sind viele der Kingtauben in den Vereinigten Staaten noch immer zu lang und müssten kürzer werden.

Hier ist es nun, das Jahr 2003, und die Show-King-Taube ist noch immer eine sehr beliebte Rasse. Die Anzahl der Kingtaubenzüchter hier in den Vereinigten Staaten ist zurückgegangen. Ich glaube, dass es daran liegt, dass viele der „Old Timer“ gestorben sind und einfach nicht durch neue Anhänger ersetzt werden. Es scheint sehr schwierig zu sein, ein Interesse an dieser vielseitigen Art von Tauben zu wecken und gute Tauben können sehr teuer sein, was neue hoffnungsvolle Züchter davon abhält, Kingtauben zu züchten. Dennoch werden die Kingtauben in Europa immer beliebter und die Anzahl ihrer Liebhaber in

0,1 weiß Grand Champion 1994 von John Schroeder

Übersee übertrifft bei Weitem die Anzahl ihrer Anhänger hier in Amerika. Die deutschen Kingtaubenzüchter züchten gegenwärtig großartige Tauben und ich weiß, sie werden immer noch besser werden! Eine Sache, die ich hier erwähnen muss, ist, dass ich die Qualität meiner Kingtauben in den letzten Jahren verbessert habe und ich bin über ihre Entwicklung sehr glücklich. Ich möchte gern ziemlich kurze Tauben mit viel Körpertiefe und durchgehender Unterlinie, festem Körper und fest anliegender Feder, guter, ausgeglichener Haltung und schönem Kopf erreichen.

Mir ist dieses mit meinen Tauben fast gelungen, doch eine Sache, die mir bei meinen Tauben fehlt, genau wie vielen anderen amerikanischen Züchtern, ist die gute Farbe, die für farbige Tauben vorgeschrieben ist. Ich habe hart gearbeitet, um all die anderen Merkmale, die ich bereits erwähnt habe, zu verbessern, doch habe ich dabei die guten Farben geopfert. Das ist etwas, an dem ich in Zukunft arbeiten muss.
Ich möchte jedoch erwähnen, dass die deutschen Züchter es mit den guten Farben sehr genau nehmen, und ich weiß ganz sicher, dass sie danach streben, die Farben ständig weiter zu verbessern.
Ich habe keinen Zweifel, dass die Farben der deutschen Kingtauben schon besser sind als die der Tauben in den USA und es sollte nicht mehr lange dauern, bis die gesamte Qualität der Kingtauben der in den USA gleichkommt oder sie sogar übertreffen wird. Ich sage dieses, weil ich froh bin, einige deutsche Züchter meine Freunde nennen zu können, und ich weiß von ihrer äußerst großen Liebe zu ihrem Hobby und ihrer Hingabe, Tauben mit einer Top-Qualität zu züchten.

Mit dem neuen Jahrhundert bildet sich eine neue Gruppe von Kingtaubenzüchtern heraus, deren besonderer Fortschritt bei der Züchtung ihrer Kingtauben anerkannt werden muss. Charles Bacon aus Atlanta, Georgia, ist ein berühmter Wissenschaftler, der sein Wissen und seine Sachkenntnis auf dem Gebiet der Genetik angewandt hat, um die Qualität seiner Tauben zu verbessern. Viele der Grand Champions gehen nun auf seine Verdienste zurück. Grand Champions kommen aus den Käfigen von Billy Cunningham, George O´Hara jun., Ron Zottneck, Bill Harrisson, Juan Gomez, Vince de Lillo, Bob Kowalski und einem neuen Züchter mit dem Namen Vince Mazzarisi. John Schroeder ist immer noch der Beste, aber da er bald 80 Jahre alt wird, wird er wahrscheinlich nicht mehr lange Kingtauben züchten. Schließlich wird es einen neuen „King“ des Kingtaubenhobbys geben, aber keiner wird jemals diesen unglaublichen Show-Rekord von John Schroeder erreichen!

Die amerikanische Show-King-Taube ist eine echte amerikanische Taube, die vom ersten Tag an hier in den USA von Züchtern, die sich mit Leib und Seele ihrem Hobby widmen, geschaffen wurde. Die europäischen Taubenzüchter gibt es jedoch

schon seit Hunderten von Jahren und ich weiß, dass wir amerikanische Züchter immer etwas von unseren Nachbarn in Übersee lernen können!
Viel Glück für alle Kingtaubenzüchter auf der ganzen Welt und möge die Show-King-Taube immer erfolgreich sein!

(Die Übersetzung des Originaltextes stammt von H. Wels.)

Erkenntnisse meiner drei Reisen in die USA 2003, 2005 und 2012

(Text von Armin Pfister)

2003 Nationale der USA in Hartford bei Boston – Connecticut
Die Nationale in den USA findet immer im Januar des folgenden Jahres statt. Wir flogen zuerst von München nach New York. Nach zwei Tagen mit Stadtbesichtigung und Hafenrundfahrt sind wir mit dem Zug von der Penn-Station unter dem Madison Square Garden nach Hartford gefahren.
In den USA auf den Ausstellungen ist es mit den Kingtauben genauso wie bei uns: Neben einigen Spitzentieren und einer breiten Mitte stehen auch weniger gute

Zuchtboxen bei Denis Rogers

King. Sehr gut gefiel mir der Grand Champion in Typ, Größe und Masse. Es war eine blaubindige Täubin von dem Züchter Vince De Lillo.

2005 ging unsere Taubenreise mit mehreren Zuchtfreunden nach Kalifornien. Wir wollten drei Show Racer-Züchter und drei King-Züchter besuchen, um auch einige Tauben zu kaufen.
Leider mussten wir aber immer, wenn wir in Kalifornien waren, feststellen, dass die Taubenzucht dort bereits anfangs Januar beginnt. Kein Wunder bei Tagestemperaturen von 18 bis 20 °C! Dann sitzen die besten King bereits in ihren Zuchtboxen. Wir konnten aber die Heimreise trotzdem mit einigen vernünftigen Zuchttieren antreten. Die Kingzüchter, die wir besucht haben, waren Dennis Rogers, Ron Zottneck und Bill Harrison, der schon mehrmals als Richter in Ungarn tätig war.

2012 – Nationale der USA in Lakeland/Florida und Los Angeles/Kalifornien
Nach sieben Jahren Pause flogen wir, Luzia und Klaus Mouris und ich, von Stuttgart aus zu einer 14-tägigen Taubenreise vom 10. bis 23. Januar in die USA.
Unsere erste Station war für zwei Tage Miami, herrliche 26 °C im Januar und Badewetter am Pazifik. Von Miami aus fuhren wir mit dem Auto in vier Stunden nach Lakeland, eine Farmerstadt in Florida. Hier fand vom 12. bis 14. Januar die Nationale der USA statt. Es war die bisher kleinste Nationale mit etwa 4000 Tauben. Zu der geringen Beschickung hat auch beigetragen, dass der nächste Flughafen Orlando eine Stunde entfernt war. Die meisten Züchter sind bei Ausstellungen auf das Flugzeug angewiesen, da die Entfernungen riesig sind.

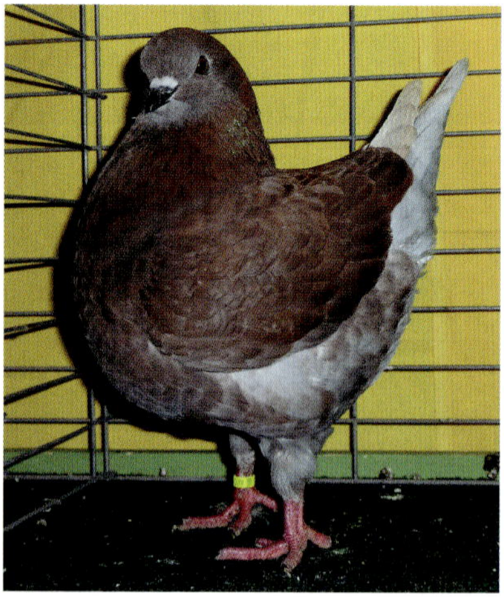
Grand Champion 2012 in Lakeland Vince Mazzarisi

265 Kingtauben standen auf der Nationalen, die zweitstärkste Kollektion nach den Modena; diese schauen in den USA wie Mini-King aus. Den Grand Champion errang der Züchter Vince Mazzarisi mit einer rotfahl-dunkelgehämmerten jungen Täubin; er belegte auch den zweiten Platz mit einer Täubin.

Am Sonntagabend flogen wir dann nach Los Angeles. Mit an Bord waren die beiden Kingzüchter D. Rogers und R. Zottneck und im Frachtraum ihre Ausstellungsking.
Die King wurden in Lakeland am Samstag um 17:00 Uhr nach Schluss der Aus-

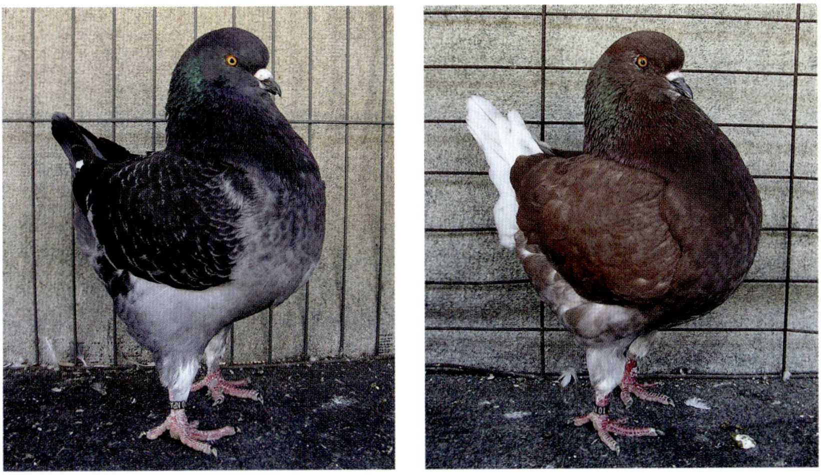

Zwei Spitzentiere von Bill Harrison

stellung eingepackt und konnten von ihren Züchtern Sonntagnacht um 11:00 Uhr im Frachtterminal in Los Angeles in Empfang genommen werden; dann mussten sie noch eine Stunde nach Hause fahren. In den USA ist das Ausstellen durch die großen Entfernungen viel schwieriger als bei uns. Die Züchter sind mit dem Flugzeug oder mit dem Auto in zwei Tagesfahrten unterwegs.
Zwei Tage später besuchten wir dann die drei Kingzüchter in Los Angeles, um uns einige Tauben zu kaufen. Leider waren wie immer die Zuchtboxen bereits gefüllt. Interessant war der Besuch eines Show Racer-Züchters in San Diego, der hatte bereits die ersten Jungen zum Absetzen, kein Wunder bei Temperaturen von 24 °C im Januar. Wie immer konnten wir einige Zuchttiere erwerben, in der Hoffnung, dass sie uns in der Zucht weiterbringen.

Das Fazit der Entwicklung der King in den USA über diesen Zeitraum meiner Reisen möchte ich wie folgt zusammenfassen:
Die Spitzenzüchter der King in den USA sind bemüht, einen kurzen, kompakten King bei richtiger Größe und Körpermasse – ohne Gewichtsübertreibung – zu züchten. Bei den Spitzentieren wird großer Wert auf eine glatte Hals- und Keilfeder gelegt. Was mir noch aufgefallen ist: Viele Tiere müssten im Schnabel noch kürzer und kräftiger sein. Meine Beobachtung geht auch dahin, dass die Mehrzahl der guten King bei den farbigen zu finden sind. Meines Erachtens haben die weißen King zum großen Teil immer noch einen Aufholbedarf in Größe, Kürze und Körpervolumen.
Die Kingzüchter in Amerika haben seit 2013 ein neues Musterbild, dabei wurde auch der gültige Standard mitveröffentlicht. Was mich sehr beeindruckt und ge-

Ein feiner 1,0, Dunkel von Denis Rogers

Champion 1,0, Dominant Rot von Denis Rogers, Kalifornien

Eine typische 0,1, Weiß mit ausdrucksvollem Kopf und Augenrand von Bill Harrison

freut hat, ist die Tatsache, dass im Standard der Passus über zwölf Schwanzfedern aufgenommen wurde, da seither bei der Bewertung wenig auf die richtige Schwanzfederzahl geachtet wurde. Im Folgenden sind einige aktuelle Spitzentiere aus den USA abgebildet.

Die aktuelle Musterbeschreibung für Kingtauben in den USA

I. Gewicht und Abmessungen

A. Gewicht
1. Alle Altersgruppen 850 bis 1050 Gramm

B. Abmessungen
1. Höhe 30 cm
2. Breiteste Stelle der Brust 14 cm
3. Tiefe 11,5 cm
4. Länge von der Schwanzspitze bis zur Brust 24 cm

Das neue Musterbild des AKC wurde mit 26 zu 24 Stimmen beschlossen.

II. Punkteskala

A. Gewicht 8 Punkte

B. Schnabel 5 Punkte – kurz, kräftig, horizontal getragen

C. Warze 2 Punkte – klein, glatt, gepudert oder eisfarbig zur Größe des Gesichts passend

D. Kopf 9 Punkte – verhältnismäßig groß und breit, Oberkopf gut gerundet, zum vollen Hals und breiten Körper passend, kein Kniff über der Warze, nicht an einen Schlangenkopf erinnernd

E. Augen 3 Punkte – ausdrucksvoll, rund und leuchtend, etwa drei Fünftel vom Hinterkopf nach vorne eingebaut

F. Augenrand 4 Punkte – vollkommen rund, zart, nicht breiter als 1,5 mm, Farbe Roter Bete

G. Hals 5 Punkte – verhältnismäßig kräftig oder dick, zu den breiten Schultern und dem gut gerundeten Körper passend, senkrecht getragen, möglichst eine Linie Nacken – Schulter – Ferse bildend. Der Schnabel sollte leicht hinter der vorstehenden Brust zurückstehen. Die Kehle sollte nicht zu stark ausgeschnitten sein.

Täuber sollten einen massiveren Hals als Täubinnen zeigen, bei beiden soll er aber niemals dünn sein.

H. Brust 8 Punkte – Die Brust ist der Teil der Taube, welcher vor den Beinen liegt und sich zum unteren Teil des Halses verlängert, schließt aber nicht den Teil des Brustbeins mit ein, der hinter den Beinen liegt. Die Brust sollte kräftig, breit und gerundet sein, sich gut vor den Flügelbügen zeigen. Sie soll so getragen werden, dass eine durchgehende (horizontale) Unterlinie bis zum Brustbeinende entsteht.

I. Körper 8 Punkte – kurz, breit, fest (muskulös), verhältnismäßig tief und gut gerundet.

J. Brustbein 8 Punkte – es muss gerade sein und in der Mitte zwischen den Beinen liegen und so lang wie möglich im kurzen gut gerundeten Körper sein, in einem geschwungenen Bogen weiterführen und so dicht wie nur möglich am After enden.

K. Rücken 5 Punkte – kurz und breit, von der Schulter bis zum Schwanz. Er soll sich nach hinten nicht zu schnell verjüngen und in einem sanften Bogen in den Hinterhals übergehen. Der Schwanz sollte mindestens in einem 35-Grad-Winkel getragen werden.

L. Flügel 7 Punkte – sie müssen eng am Körper getragen werden und sanft auf (Schwingen) dem Hinterteil und Schwanz aufliegen. Die Spitzen sind etwa 25 mm auseinander und etwa 20 mm kürzer als ein akzeptabler Schwanz. Die Flügelspitzen können sich berühren und müssen in der Mitte des Schwanzes liegen. Die Flügelbüge müssen gut vom Brustgefieder bedeckt sein. 10 ist die korrekte Anzahl Handschwingen.

M. Schwanz 5 Punkte – kurz, im Verhältnis zum kurzen Körper, sich gleichmäßig vom Hinterteil bis zur Schwanzspitze verjüngend, an der Spitze ist er etwa 1 bis 1 1/2 Federn breit. 12 Schwanzfedern sind die korrekte Anzahl. Der Schwanz muss in einem Winkel über der Horizontalen getragen werden, um die Unterlinie zu vollenden. Er sollte mit dem Standardbild übereinstimmen, aber nicht so hoch getragen werden, dass die Flügelspitzen kreuzen oder die Schwingen herabhängen.

N. Beine 10 Punkte – gerade und kräftig, sodass sie der Taube eine erhabene Erscheinung geben. Sie sollten so nah wie möglich an einer senkrechten Linie eingebaut sein, die sich aus dem Schnittpunkt der Hinterhalslinie mit einer Horizontalen durch die Schnabelbasis ergibt. Die Beine sollten so lang sein, dass der Abstand zwischen Brustbein und Boden 6,6 cm beträgt. Die Weite zwischen den Läufen (Standbreite) beträgt 6,6 cm. Die Läufe haben die Farbe Roter Bete und sollen unbefiedert sein.

O. Zehen 3 Punkte – gerade, sauber und gut gespreizt, die Farbe Roter Beete

P. Gefieder 10 Punkte – Das Gefieder sollte geschlossen und glatt, aber nicht so fest wie bei einer Brieftaube sein. Wenn man die Taube in die Hand nimmt, sollte es etwas nachgeben. Der After sollte weich befiedert sein. Die Tauben sollen ein volles, natürliches Gefieder haben.
1. Täuber sollen in ihrer Erscheinung männlich sein
2. Täubinnen sollen in ihrer Erscheinung weiblich sein
3. Tauben, die ungepflegt aussehen oder sich weigern, sich zu präsentieren oder ordentliches Verhalten zu zeigen, können bis zu 10 Punkten abgezogen werden. Diese 10 Punkte sind zusätzlich, nur zum Abziehen und werden nicht zur originären Summe von 100 Punkten addiert.

Q. Farbige Tauben – Wenn farbige Tauben in ihren Farbklassen bewertet werden, können für schlechte Farbe 1 bis 10 Punkte abgezogen werden. Diese 10 Punkte sind zusätzlich, nur zum Abziehen und werden nicht zur originären Summe von 100 Punkten addiert.

(Der Originaltext wurde von Luzia Mouris übersetzt.)

Über 50 Jahre Kingtauben in Deutschland

(Text von Walter Hermann)

Die herausragende Erfolgsgeschichte der Kingtauben und des King-Club Deutschland in über 50 Jahren ist einmalig in der deutschen Rassetaubenzucht und spiegelt gleichzeitig die deutsch-deutsche Geschichte wieder. Wir sind stolz auf das Erreichte, aber gleichzeitig ist es für uns Ansporn und Verpflichtung, den King-Club weiterhin auf Erfolgskurs zu führen.

1956

Mit den ersten Importen von Kingtauben aus dem Mutterland, den USA, durch Dr. Tschochner und die Familie Jürgens von der „Geflügel-Börse“ nahm die Geschichte ihren Lauf.

Das erste Musterbild für Kingtauben in Deutschland von 1959

1959

Zur Lipsia-Schau wurden von einem tschechischen Züchter vier Weiße King („Ami-Tauben) vorgestellt. Dies war der Startschuss für die Kingzucht im damaligen Gebiet der DDR.

1960

Anlässlich der 42. Nationalen in Frankfurt wurde durch 26 begeisterte Kingzüchter unter der Führung von Erich Müller der King-Club gegründet. In diesem Jahr erfuhr Johannes Bornschein in Thüringen von dieser Gründung und schrieb einen Brief an Erich Müller mit der Bitte um Zuchtrichtlinien für King. In diesem Zusammenhang hat ihn Erich Müller als ersten Kingzüchter der DDR beitragsfrei in den KCD aufgenommen.

1962

Von nun an gab es Briefkontakte und ab und an mal einen Züchterbesuch von West nach Ost und es gingen auch King durch die Hintertür über die Grenze.

1963

Ab diesem Jahr fanden zehn Jahre lang die Jungtierbesprechungen in Ansbach statt. Sie waren von großer Bedeutung für die Entwicklung der King.

1964

Am 6.12. wurde die SZG (Spezialzuchtgemeinschaft Kingtauben) in Leipzig gegründet. Erster Obmann wurde Johannes Bornschein.

1966

Die Mitgliederzahl des KCD wuchs stetig und kräftig. In diesem Jahr waren es bereits 186 Mitglieder. Deshalb wurde der Wirkungsbereich des KCD in den folgenden Jahren in sechs Bezirke aufgeteilt, um die Kingzüchter besser zu informieren und betreuen zu können. Ab diesem Jahr fanden bei der SZG jährlich Sommertagungen statt.

1967

In Weiskirchen bei Offenbach fand die 1. Bundeskingschau statt. 500 King wurden gemeldet und die ersten Kingbänder vergeben. Helmut Matthias wurde zum ersten

DIE ERSTE MUSTERBESCHREIBUNG IN DEUTSCHLAND AUS DEM JAHRE 1959

Herkunft: *In den USA aus Römern, Maltesern, Brieftauben und Duchess herausgezüchtet. In den 90er-Jahren entstanden die Weißen, die Silbernen brachte man nach 1900 heraus.*

Gesamteindruck: *Der Körper ist breit, gut gerundet und so kurz wie möglich; Muskelhärte ist nicht notwendig, aber der Körper soll sich auch nicht schwammig anfühlen. Tiere mit zu wenig Körpermasse sind ungeachtet sonstiger Vorzüge unerwünscht. Anhaltspunkte für das Gewicht: Alte Tiere 900 bis 1120 g, junge Tiere 870 bis 1060 g. Untergewichtige Tiere sollen nicht ausgestellt werden. Anhaltspunkte für Maße: Höhe ca. 30 cm, Länge (Brust bis Schwanzspitze) 24 cm, Brustbreite gut 12 cm.*

Rassemerkmale: *Kopf: Proportional zum Körper passend, gut gerundet, stets glatt; kein Kniff zwischen Auge und Schnabelwarze. – Augen: Hervorstehend, lebhaft, dunkel bei Weiß, perlfarbig bei Silberfarbigen; Augenrand so schmal wie möglich, lebhaft rot. – Schnabel: Kräftig, mittellang, fleischfarbig bei Weißen, hornfarbig bei Silberfarbigen; Schnabelwarzen weiß bepudert. – Hals: Ohne Kehlwamme, kurz kräftig, aufrecht getragen; Schulteransatz senkrecht über der Ferse (Hacken). – Brust: Hervorgedrückt, breit und gut gerundet, das Brustbein so lang wie möglich. – Rücken: Sehr breit in den Schultern, nach hinten sich etwas verjüngend, leicht hohl. – Flügel: Kräftig, ziemlich kurz, am Körper gut anliegend, auf dem Schwanz ruhend, ohne sich zu kreuzen. – Schwanz: Kurz, im Verhältnis zum Körper; gleichmäßig breit; in einem Winkel von 15 Grad über dem Rumpf getragen. – Beine: Kräftig, mittellang, breit angesetzt, den Körper gut ausbalancierend, lebhaft rot, unbefiedert, Zehen gut gespreizt. – Gefieder: Gut anliegend, aber doch griffig, sodass sich keine harten Linien ergeben.*

Farbenschläge: *1. Einfarbig weiß: Silberweiß ohne farbige Federn. 2. Silberfarbig: Reines Silber auf den Flügeldecken zeigend, die Täubinnen etwas dunkler in der Farbe, die Brustfarbe möglichst zur Flügelfarbe passend, das übrige Gefieder etwas dunkler, so wenig wie möglich Glanz am Hals zeigend; Flügelbinden schokoladenbraun; Schwingen den Binden entsprechend.*

Grobe Fehler: *Starke Abweichungen vom Typ; zu schwache und untergewichtige Tiere; schiefer oder gespreizter Schwanz; andere als rote Augenränder; schlecht geformter Schnabel, Abweichungen in der Schnabelfarbe, starker Kniff zwischen Auge und Schnabel; gebrochene, zweierlei oder abweichende Augenfarbe. Farbige Federn bei Weiß, stark farbliche Abweichungen bei Silberfarbig.*

Ringgröße: I

Ein im Mitgliederverzeichnis 1967 mit dem Kommentar zur Musterbeschreibung veröffentlichtes Bild

Zuchtwart des KCD gewählt. Zur 1. Sonderschau der SZG in Wildetaube wurden 83 King in sechs Farbenschlägen ausgestellt bei einem Mitgliederstand von 53 Mitgliedern.

1968
Es erschien die erste Monografie „Die Kingtaube" von Erich Müller, ein Zuchtleitfaden für jeden Kingzüchter. Weitere Bücher über die Rassetaubenzucht wurden von Erich Müller in den folgenden Jahren veröffentlicht.

1970
Johannes Bornschein übergibt die Führung der SZG in die Hände von Bernd Spanner. Die weiteren Obleute bis zur Vereinigung waren Paul Gittel, Dr. Karl-Heinz Swoboda und Jürgen Orlamünde. Eine weitere herausragende Persönlichkeit mit großen Verdiensten um die ostdeutsche Kingzucht war Alfred Klawe.

1973
Adam Kühnert wurde zum neuen Zuchtwart des KCD gewählt.

1975
Bei der Jahreshauptversammlung in Froschhausen wurde Helmut Göbel neuer Zuchtwart des KCD. Bei der SZG waren die Zuchtwarte Werner Deutschmann, W. Prehl und Werner Riedl.

1976
Bei der Hauptschau in Donauwörth wurde mit 1172 King zum ersten Mal eine Meldezahl von über 1000 King erreicht. Die Mitgliederzahl war auf 618 angewachsen. Zur Sonderschau der SZG in Wildetaube wurden mit 429 King erstmals mehr als 400 King ausgestellt.

1980
Die SZG wurde in sechs Arbeitsgruppen aufgeteilt. Erich Müller entwirft ein neues Musterbild für den KCD.

1984
In diesem Jahr erreichte die SZG einen Höchststand von 201 Mitgliedern.

1985
Der KCD feierte zur Jungtierbesprechung in Froschhausen und zur 20. HSS in Donauwörth mit einer Rekordmeldezahl von 2380 King sein 25-jähriges Bestehen und einen tollen Züchterabend, bei dem die ganze Dynamik des Clubs zum Ausdruck kam, denn fast alle Kingzüchter waren im besten Mannesalter. Weitere tolle Züchterabende feierten wir bei den HSS in Dortmund. Der KCD war mittlerweile auf 888 Mitglieder angewachsen.

Musterbild des KCD ab 1980

1987
In Tatabanya/Ungarn war der Auftakt der Interking-Schauen der sozialistischen Länder. Diese Schauen waren wahre Feste und dienten der Entwicklung der King im osteuropäischen Bereich sowie der Entstehung von Züchterkontakten.

1988
Nach 28 Jahren als 1. Vorsitzender stellte Erich Müller sein Amt zur Verfügung und die prägendste Ära des KCD ging zu Ende. Er führte den KCD erfolgreich, souverän und heute noch richtungsweisend. Es ist sein Verdienst, dass der KCD zum drittstärksten Sonderverein in Deutschland gewachsen ist. Für seine herausragenden Verdienste ernannten wir ihn zum Ehrenvorsitzenden des KCD.
Sein Nachfolger wurde Armin Pfister, der den KCD in seinem Sinne weiterführte.

1989
Die Grenzen öffneten sich und so konnten mehrere Kingfreunde aus der DDR zum ersten Mal ohne Hindernisse die HSS in Verden besuchen. Bei der Interking in Meuselwitz wurde ein Melderekord von 876 King erreicht.

1991
Anlässlich der Jungtierbesprechung in Oberderdingen haben wir den Zusammenschluss von SZG und KCD vollzogen. Dazu wurde der KCD um drei weitere Bezirke

Musterbild des KCD ab 1991

erweitert. An dieser Stelle sei nochmals den damals Verantwortlichen für die produktive Zusammenarbeit sehr herzlich gedankt. Der bisherige Ehrenvorsitzende der SZG, Johannes Bornschein, wurde zum Ehrenvorsitzenden des KCD ernannt. Alle aus Ost und West können auf eine erfolgreiche Zeit zurückblicken.

1993

Es erschien zum ersten Mal das Kingjournal – bis heute jährlich ohne Unterbrechung und kostenlos für jedes Mitglied. Es ist die umfassende Infobroschüre über den Hauptverein und die Bezirke.

1994

Bei der Jungtierbesprechung in Unna-Königsborn wurde Georg Adam zum Zuchtwart des KCD gewählt. Wir dankten Helmut Göbel für seine erfolgreiche Arbeit als Zuchtwart seit 1975. Der Ausschuss für Zucht- und Standardangelegenheiten wurde ins Leben gerufen.
Zum ersten Mal fand in Straubing eine „Internationale Kingschau" mit der sagenhaften Meldezahl von 3200 King statt.

1995

Auf Vorschlag unserer Zuchtwarte wurde beschlossen, unsere Sonderrichter und Preisrichter alle zwei Jahre zu schulen, um eine möglichst einheitliche Bewertung und Zuchtausrichtung zu erzielen.

1997

Georg Adam stellte sein Amt zur Verfügung und so wurde Harry Heiß bei der Jungtierbesprechung in Neudrossenfeld zum neuen Zuchtwart gewählt.

1998

Der KCD hatte seinen Mitgliederhöchststand erreicht – 1347 Mitglieder.

2003

Nach 15 Jahren gab Armin Pfister das Amt des 1. Vorsitzenden ab. Bei der Jungtierbesprechung in Dingolfing wurde Andreas Gehrmann zu seinem Nachfolger ge-

wählt, wohlbemerkt der 3. Vorsitzende in 50 Jahren. Armin Pfister hat den Club auch in unruhigeren Zeiten sicher geführt. Während seiner Amtszeit hat der KCD seinen Höhepunkt erreicht und das Kingjournal und die Zuchtinformation sind sein Verdienst. Für seine großen Verdienste und sein enormes Engagement während seiner Amtszeit haben wir ihn zum Ehrenvorsitzenden des KCD ernannt.
In diesem Jahr erschien „Das Große Kingtaubenbuch" von Erich Müller und Armin Pfister.

2004

Bei der 53. VDT- Schau in Sinsheim ist es uns gelungen, 15 weitere Farbenschläge zur Anerkennung zu bringen. Damit haben wir unsere Farbenschlagpalette welt- und europaweit angepasst

So sahen Kingtauben um die Jahrtausendwende aus.

Neu entwickeltes Logo zum 50-jährigen Bestehen des King-Club Deutschland

und erhoffen uns dadurch auch neue Mitglieder. Wir haben jetzt 39 anerkannte Farbenschläge.

2007

Es verstarb im Oktober die Lichtgestalt der deutschen Kingzucht und unser Ehrenvorsitzender Erich Müller. Wir behalten ihn in bester Erinnerung und gedenken ihm mit viel Dankbarkeit.

2010

Unser Kingclub ist 50 Jahre alt geworden! Eine kurze, aber sehr erfolgreiche Geschichte, ausgelöst und begründet durch die faszinierende Kingtaube. Damals wie heute prägen immer wieder Spitzenzüchter das Erscheinungsbild unserer schönen King. Mit Stolz und Zufriedenheit haben wir dieses Jubiläum gefeiert. Es begann mit einer tollen Jungtierbesprechung, die zum ersten Mal vom Bezirk 7 in Perleberg durchgeführt wurde. Die Unterbringung für die Teilnehmer und unsere King war hervorragend.

Zur 45. Hauptsonderschau vom 5. bis 7. November in der Stadthalle Lichtenfels hat uns der Bezirk 6 eingeladen. Was uns Fritz Bauer mit seinem erfahrenen und tat-

Ein werbewirksamer Aufbau bei der Hauptsonderschau zum 50-jährigen Jubiläum 2010 in Lichtenfels

kräftigen Team geboten hat, war perfekt bis ins letzte Detail. Der Dank dafür war ein herausragendes Meldeergebnis von 2700 King und einer Kingbörse mit etwa 500 Tieren. Die Qualität der gezeigten King war erwartungsgemäß hoch und wurde mit 58-mal v und 123-mal hv bestätigt.

Und es war eine wundersame Fügung – wir konnten die Vergabe des Goldenen Siegerrings auf Kingtauben am Gründungsort, wieder bei einer Nationalen Bundesschau in Frankfurt, durchführen.

Wer wird wohl Champion werden?

Mit intensiver Vorplanung und doch einigen Unwägbarkeiten gingen wir in diesen Wettbewerb. 774 Kingtauben entsprachen nicht unseren Erwartungen. Aber für die gezeigten Tiere galt das Motto „Klasse statt Masse“. Die Erringer der Siegerringe sind:

Goldener Siegerring: Fritz Gruber auf Blau mit Binden
Silberner Siegerring: Herbert Saliter auf Schwarz
Bronzener Siegerring: Kurt Vogel auf Andalusier

Die Erringer der Kingbänder beim 50-jährigen Jubiläum 2010 in Lichtenfels

Von links: Andreas Gehrmann 1. Vorsitzender KCD, Herbert Saliter – Silberner Siegerring, Fritz Gruber – Goldener Siegerring, Kurt Vogel – Bronzener Siegerring und Armin Pfister Ehrenvorsitzender KCD.

Dieser Wettbewerb war eine erfolgreiche Werbung für die Kingtauben und den KCD. Wir bekamen sehr viel Lob und Anerkennung von allen Seiten für die Aufmachung und Verpflegung unserer Gäste.

Weitere Jubiläumshöhepunkte waren unser neues Musterbild und die Jubiläumsausgabe unseres Mitgliederverzeichnisses, beides in einer einmaligen Aufmachung, die ihresgleichen sucht. Dafür danken wir unserem Hans Berger, der unserer kompletten Außendarstellung diese Professionalität gegeben hat. Das Jubiläumsjahr war in jeder Hinsicht ein toller Erfolg.

2011

Als Sonderdruck für jedes Mitglied erschien der neue EE-Standard, der ab September Gültigkeit hat. Nun haben wir 51 anerkannte Farbenschläge zu betreuen. In diesem Jahr haben wir den geänderten Ablaufmodus bei unserer Jungtierbesprechung in Unna und unserer 46. Hauptsonderschau in Wolfsburg umgesetzt. Die Jahreshauptversammlung findet nun am Samstagabend bei der Hauptsonderschau statt. Dafür haben wir mehr Ruhe und Zeit für unsere Kingtauben und deren Besprechung bei der Jungtierbesprechung.

Mit einem werbewirksamen Stand machte der KCD beim Goldenen Siegerring auf sich aufmerksam.

2012

In Untermaxfeld im Bezirk 1 fand unsere Jungtierbesprechung statt. Die dortigen Hallenverhältnisse sind so großartig, dass wir uns gleich mit den Veranstaltern auf die Durchführung der Hauptschau 2016 verständigen konnten. Die 47. Hauptsonderschau in Erding wurde trotz schwieriger Vorgeschichte mit viel persönlichem Einsatz von Wendelin Miller erfolgreich veranstaltet. Bei der Jahreshauptversammlung wurde Siegfried Basmer zu unserem 1. Zuchtwart gewählt. Für diese verantwortungsvolle Aufgabe wünschen wir ihm diplomatisches Geschick, Autorität und Züchternähe. Unserem bisherigen Zuchtwart Harry Heiß danken wir für seine 15-jährige Amtsführung, während der der Kingtyp bisher am deutlichsten weiterentwickelt wurde.

Das seit 2010 gültige Musterbild

2013

Wir waren zwei Mal zu Gast im Bezirk 8. Zur Jungtierbesprechung in Quellendorf und zur 48. Hauptsonderschau in Weißandt/Gölzau hat sich das Kommen jedes Mal gelohnt. Die Gebrüder Renker haben uns zwei bestens organisierte Schauen präsentiert. Dafür wurden sie mit einem Meldeergebnis von 2268 King zur Hauptschau belohnt.

Für die Zukunft ist dem KCD zu wünschen, dass er die europaweite Zuchtausrichtung maßgeblich mit umsetzen kann und durch die Attraktivität unserer Kingtauben als auch deren weiterhin einfachen Haltungs- und Zuchtbedingungen immer neue Mitglieder gewinnen wird, damit der KCD weiterhin zu den stärksten Sondervereinen in Deutschland gehört. Getreu dem Motto:

K – kameradschaftlich
C – creativ
D – dynamisch

Die Kingtaubenzucht

Aufbau der Zucht

Gesunder Nachwuchs – das Ziel eines jeden Züchters

Wer neu in die Taubenzucht einsteigen möchte, sollte sich zuerst einem rührigen Ortsverein anschließen, wo er in grundsätzlichen Dingen der Taubenzucht beraten wird. Wenn man sich mit den Grundsätzen der Taubenhaltung vertraut gemacht hat, gilt es, die geeignete Rasse auszusuchen. Neben den vorhandenen Platzverhältnissen zur Haltung und Unterbringung sowie dem Aussehen der Rasse ist ihr Charakter ganz wesentlich dafür verantwortlich, ob ihr neuer Züchter auf Dauer glücklich mit ihr wird. Bei mir und den Kingtauben war es Liebe auf den ersten Blick. Mir gefielen diese imposanten Tiere auf Anhieb. Als ich mir dann als Jugendlicher ein Paar bestellte und die Tiere in den Schlag brachte, war ich begeistert von ihrer Ausstrahlung und Ruhe, ja sie wurden sogar so zutraulich, dass sie aus der Hand fraßen. Gleich im ersten Jahr zogen sie sechs Jungtiere selbst auf. Sie brüteten zuverlässig und umsorgten ihre Jungen liebevoll. Damit war für mich die Sache klar – King sind für mich die Nummer 1 in meiner Hitliste. Diese Faszination hält heute noch an, deshalb achte ich auch streng darauf, nur Tiere mit diesen Charaktereigenschaften in meinem Schlag zu beherbergen.

Kingtauben umsorgen ihre Jungen liebevoll.

Wenn dann die Entscheidung für die Kingtaube gefallen ist, sollte man so schnell wie möglich seine Rassekenntnisse vertiefen und sich mit den Zuchtzielen vertraut machen. Hierzu empfiehlt es sich, dem Sonderverein, der diese Rasse betreut, beizutreten. Der KCD hat neun regionale Bezirke, sodass die Entfernungen zu den Bezirksveranstaltungen nicht allzu weit sein dürften. Dort befasst man sich mit allem, was die Rasse betrifft, und lernt auch erfahrene Züchter kennen. Wenn man einen ehrli-

Bei der Auswahl sollten die Tiere genau in Augenschein genommen werden.

chen und versierten Züchter als „Paten“ gewinnen kann, erspart einem dies oft viel Lehrgeld. Einschlägige Fachliteratur und Fachzeitschriften runden das Fachwissen über die Kingtauben noch ab. Die Zuchtwarte beraten Neueinsteiger auch gerne in allen Fragen rund um die Kingtaube.

Wenn man sich über den gewünschten Farbenschlag im Klaren geworden ist, kann der **Kauf von Tauben** angegangen werden. Hierbei sollte man besonnen vorgehen und keine voreiligen Entscheidungen treffen – nicht einfach draufloskaufen, damit der Taubenschlag gefüllt wird. Meistens hat man sich eine bestimmte geldliche Summe für den Erwerb von Zuchttieren gesetzt, hier gilt folgender Grundsatz zu beachten: „Eine gute Taube frisst auch nicht mehr als eine schlechte!“ Was ich damit sagen will: Lieber weniger, aber gute Tauben kaufen.
Wer sich Enttäuschungen ersparen will, kauft Tiere aus erprobten Zuchten, die auch einigermaßen erfolgreich auf Ausstellungen sind. Gute Durchschnittstiere aus erfolgreichen Zuchten bringen in der Regel qualitativ bessere Nachzucht als Spitzentiere aus Zufallspaarungen. Am besten besucht man diesen Züchter im heimischen Stall und lässt sich von ihm in die Besonderheiten seiner Zucht einweihen. Wichtig ist hierbei, dass man die Tiere in Augenschein nimmt und sorgfältig nach **Qualität** im Sinne des Zuchtziels der Musterbeschreibung und besonders nach vitaler Ausstrahlung und Gesundheit aussucht. Es ist unerlässlich, die Tauben im Ausstellungskäfig zu betrachten, um ihr Präsentationsverhalten zu sehen. Wer sich dort scheu oder aggressiv zeigt, wird nie einen guten King-Charakter bekommen,

DIE RICHTIGE AUSWAHL

Für ein umfassendes Bild über die Taube nimmt man einen King grundsätzlich in die Hand. Hier erfährt man mehr über Knochenbau, Körpertiefe und -breite sowie Bemuskelung (Masse). Wenn man dann noch zwölf Schwanzfedern zählt, ist man auf der sicheren Seite.

geschweige denn einen in sich ruhenden King vererben, der Garant für erfolgreiches Ausstellen ist.
Bestellungen über Logistikexpress und Ähnlichem können zum Ziel führen, wenn man den Züchter kennt, es kann aber auch wie bei einer Wundertüte sein – man staunt über das, was man bekommen hat.

Die Frage ist nun: Kaufe ich blutsfremde Tiere aus verschiedenen Zuchten oder bevorzuge ich für den Anfang nur Tiere aus einer Linie? Meines Erachtens ist es für den Anfänger zielführender, wenn die **Ausgangspaare** aus demselben Schlag – möglichst einem, den man kennt – kommen. Hier hat man gesichertere Erkenntnisse darüber, welche Erbinformationen weitergegeben werden und was in der Linie steckt.
Wenn man Tiere aus zwei unterschiedlichen Blutlinien verpaart, kann es zu positiven, aber auch sehr häufig zu negativen Überraschungen bezüglich der Aufspaltung der Gene kommen. Wenn man dann den Grundstock für eine Zucht gelegt hat und aus den Ausgangstieren ein oder zwei Jahre lang Jungtiere aufgezogen hat, kann selbstverständlich zur weiteren Verbesserung gezielt Fremdblut zugeführt werden. Jetzt kennt man die Merkmale, die in der Linie schlummern, besser und weiß eher als am Anfang, wo es noch fehlt.

Nicht der schnelle Erfolg, der meistens rasch wieder vergeht, soll unser Ziel sein, sondern der Aufbau einer soliden Zucht, die uns zur stetigen Verbesserung der gewünschten **Merkmale** auf breiter Basis führt. Ich setze mir erreichbare Ziele, um bestimmte Merkmale zu verbessern, ohne das bisher Erreichte zu verlieren. Wenn man diese Vorzüge dann fest in seiner Zucht verankert hat, kommt man seinem Ideal Schritt für Schritt näher. Ich möchte natürlich nicht verhehlen, dass nicht immer alles nach Plan läuft und auch Rückschläge auftreten. Nicht alles, was man vor

GENOTYP UND PHÄNOTYP

In der Genetik unterscheidet man grundsätzlich zwischen Genotyp und Phänotyp. Genotyp ist die Summe der Erbmerkmale, welche das Tier in sich trägt – das heißt, was es vererben kann – und Phänotyp bezieht sich auf das Äußere, also auf das Aussehen – hier sieht man nur einen Teil der Erbinformation, nämlich nur die vorherrschenden Merkmale. Im verborgenen (Genotyp) schlummern noch die verdeckten Merkmale, welche durch die dominanten überlagert werden, aber jederzeit auch weitervererbt werden können und oft zu Überraschungen führen, weil die Nachzucht anders aussieht als die Eltern.

hat, klappt; oft kommen Fehler, die man für längst ausgemerzt hielt, wieder hoch. Aber hier darf man nicht verzagen. Diese Fehlschläge durchzustehen macht den besonderen Reiz in unserem Hobby aus. Es wäre auch zu einfach, wenn alles berechenbar wäre.

Unerlässlich für ein erfolgreiches Züchten und einen berechenbareren Erfolg ist die Führung eines **Zuchtbuches**. Dadurch erhält man eine genaue Abstammungskontrolle. Wenn man über Jahre hinweg detaillierte Eintragungen über die Vorzüge und Nachteile der Nachzucht macht, bekommt man eher einen Einblick in den Genotyp seiner Tiere.

Erfolg kann man nicht kaufen, den muss man durch züchterisches Können erarbeiten. Dauerhaft erfolgreich wird nur der Züchter sein, der sich züchterisches Wissen aneignet, dieses ständig aktualisiert und konsequent umsetzt. Eine weitere Grundvoraussetzung ist, dass man seinen Tauben **optimale Bedingungen** in Haltung, Betreuung und Fütterung bietet. Last but not least benötigt man noch eine gehörige Portion Geduld und das gewisse „Händchen für Tauben“.

Diese hier aufgezeigten Tipps für Anfänger sind dem versierten Züchter natürlich längst bekannt, aber auch er muss, wenn er erfolgreich züchten will, den Aufbau seiner Zucht jedes Jahr von Neuem gezielt anstreben. Hierzu gehört eine sorgfältige Auswahl seiner Zuchttauben. Dafür gibt es verschiedene Auswahlkriterien.
Bereits nach Beendigung der Zuchtperiode muss der Züchter Überlegungen für die nächste Saison anstellen.

Vitalität als vorrangiges Zuchtziel

Um dauerhaft Freude an seinen Tauben zu haben, ist nach meinen Erfahrungen Vitalität das vorrangige Zuchtziel. Nur vitale Tauben sichern den Fortbestand der Rasse auf Dauer.
Das Heranwachsen seiner Jungtiere täglich zu verfolgen und ihre Eigenarten zu beobachten, zählt zu den schönsten Stunden im Jahresverlauf eines Taubenzüchters. Vitale und gesunde Jungtiere sind Voraussetzung für eine optimale Entwicklung von Körperbau und Federkleid. Sie sind Zeichen einer tiergerechten Haltung und Auslese sowie Voraussetzung für einen späteren Ausstellungserfolg.
Vitalität (Lebenskraft) wird bestimmt von einer optimalen Funktion aller körperlichen und stoffwechselbezogenen Abläufe. Nur sie darf das oberste Zuchtziel darstellen und sollte vor dem Streben nach Vervollkommnung aller Rassemerkmale stehen. So grundlegend diese Feststellung auch sein mag, so schwierig ist es für

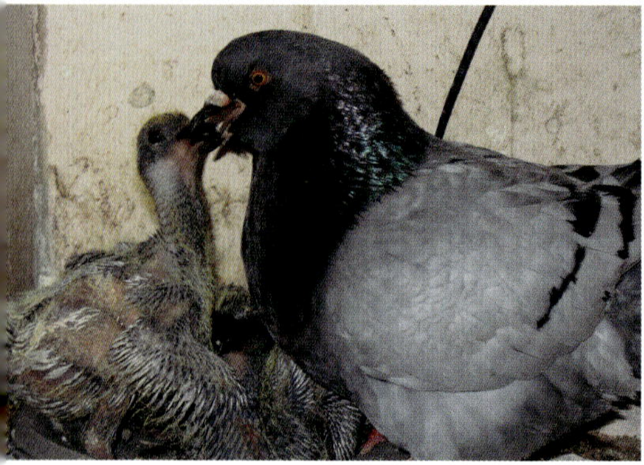

Ideales Anfüttern der Küken ist bei vitalen Tieren normal.

den Züchter, sie bei der Zucht und Auswahl der Zuchttiere zu berücksichtigen. Während nämlich die Rassemerkmale für Zucht und Auslese deutlich erkennbare Größen darstellen, ist es für die Vitalität ungleich schwerer, nach dem Optimum zu streben. Dies setzt viel Beobachtung der Tiere – vom Schlupf über die Entwicklungsstadien bis zum ausgereiften Tier – voraus und dies kann nur vom Züchter selbst getan werden. Schon die Nestlingsphase, in der die Jungen mit prall gefülltem Kropf ruhig in den Nestern liegen, gibt wichtige Aufschlüsse über die Vitalitätsmerkmale. Eine rasche gleichmäßige Entwicklung mit später glatt anliegendem Gefieder sind weitere Anhaltspunkte. Umgekehrt lassen zögerliche Entwicklung im Nest, gesträubtes Gefieder, hängende Flügel und matte Bewegungen auf mangelnde Vitalität schließen.

Selbstverständlich kann dagegen angeführt werden, dass auch Infektionskrankheiten oder mangelhafte Atzung und Huder-Eigenschaften der Eltern Ursachen für den Zustand der Jungtiere sein können. Das ist zwar richtig, ändert aber nichts an der Forderung nach optimaler Vitalität, denn derart negativ beeinflusste Taubenküken werden später kaum zu vitalen Tieren heranreifen. Wenn sie das Jungtierstadium überstehen, werden sie mit der Hypothek mangelhafter Vitalität in der Zucht erfahrungsgemäß auch keine Wunder vollbringen. Bei derartigen Kümmerlingen sollten auch die Elterntiere auf den Prüfstand gestellt werden.

Der Züchterblick ist leider allzu oft auf die vordergründig erkennbaren Rassemerkmale gerichtet. Es ist verständlich, dass man ein Jungtier mit guten Anlagen mit Freude beobachtet und hüten möchte wie den eigenen Augapfel. Dass man hier eher geneigt ist, über möglicherweise auftretende Wachstumsdefizite oder Entwicklungsstörungen hinwegzusehen, ist leider häufig feststellbar. Ein manuelles Beifüttern solcher Jungtiere, egal in welcher Entwicklungsphase, hilft in den seltensten Fällen und kaschiert nur offensichtliche Vitalitätsmängel.
In Diskussionsrunden mit Rassetaubenzüchtern wird allzu oft deutlich, dass man die Vitalität vermeintlich guten äußeren Merkmalen unterordnet, in der Hoffnung, diese Defizite werden sich im Zeitverlauf schon auswachsen und der Bestand sei mit diesem Tier deutlich zu verbessern. Doch weit gefehlt! Tiere von Eltern, die oft

mit Müh und Not nur ein Jungtier mehr schlecht als recht aufziehen, werden äußerst selten eine Vielzahl an Nachkommen produzieren.
Man hat vielleicht die Rassemerkmale damit vordergründig verbessert, läuft aber, wenn man die Reproduktionsfähigkeit betrachtet, in eine Sackgasse. Diese Linien werden sich irgendwann totlaufen, weil sie keine vitalen Jungtiere mehr hervorbringen können. Vitale Tiere stammen aus vitalen Stämmen. Deshalb setzte ich in meiner Zucht Jungtiere von zuchtfreudigen Eltern ein, sie bieten am ehesten die Gewähr für reichlich Nachzucht.

Während die Eltern schon wieder brüten, liegen die Jungen wohlgenährt in der Nistzelle und gedeihen prächtig bis zum Absetzen.

Dem Ideal der Musterbeschreibung nahekommende Tiere bekommen bei mir, wenn es beim ersten Mal nicht so klappt, in der Regel eine zweite Chance mit einem anderen Partner zusammen. Unsere King sind bei der Partnerwahl oft sehr wählerisch und wenn ihnen ihr Gefährte nicht passt, kommen sie einfach nicht richtig in die Gänge. Wenn sie dann immer noch keine oder zu wenig Nachzucht bringen, sollten sie im Interesse der Rasse und der eigenen Freude an der Zucht unbedingt ausgemerzt werden und dürfen auch keinesfalls an andere Zuchtfreunde weiterverkauft werden.

Zuchtmethoden

Unter den Tieren, die den Vitalitätskriterien standhalten, werden die Tauben für die Zucht ausgewählt, welche die Rassemerkmale verkörpern, die ich festigen oder gar verbessern möchte. Man sollte nie Tiere mit denselben Fehlern zusammen verpaaren. Ein gut geführtes Zuchtbuch gibt Aufschluss über die Gene meiner Linien, also was sie vererben können.
Zuchttiere, die ihre positive Vererbungskraft nachgewiesen haben, sind das Fundament einer guten Zucht und müssen unbedingt im Stall bleiben. Es sind oft nicht die hochprämierten Schausieger, sondern die guten Durchschnittstiere, die sich über Jahre hinweg als Vererber bewähren. Wenn aus einem Paar über mehrere Zuchtperioden überdurchschnittliche Jungtiere fallen, sollten sie auch ein Taubenleben

lang zusammenbleiben oder zumindest so lange, bis man seine Linie mit Jungtieren so weiterentwickelt hat, dass man auf sie verzichten kann. Sie dienen auch als Genreservoir, auf das man immer wieder zurückgreifen kann.

Wer nur mit blutsfremden Tieren züchtet, betreibt ein Glücksspiel, da die Qualität der Nachkommen sehr breit streut. Die meisten Rassetaubenzüchter betreiben Inzucht, um eine Blutlinie von hohem Rassewert aufzubauen. Hier unterscheidet man verschiedene Inzuchtgrade:

DIE VERSCHIEDENEN INZUCHTGRADE

1. bis 2. Verwandtschaftsgrad	=	*engste Inzucht (Inzestzucht)*
3. bis 4. Verwandtschaftsgrad	=	*enge Inzucht*
5. bis 6. Verwandtschaftsgrad	=	*mäßige Inzucht*
ab 7. Verwandtschaftsgrad	=	*lose Inzucht*

Wenn man engste Inzucht betreiben will, müssen die Ausgangstiere absolut vital sein und selbst dann kann es zu Inzuchtdepressionen führen. Wenn man schon längere Zeit Verwandtschaftszucht betrieben hat und verpaart dann zum Beispiel die Mutter mit dem Sohn, zeigen die Nachkommen häufig Missbildungen am Skelett wie krummes Brustbein, verbogene Zehen oder deformierter Schnabel. Vielfach sind es Kümmerlinge, die zudem noch Federanomalien aufweisen.

Sollten die Mängel nicht offensichtlich auftreten, muss man diese Tauben sehr genau beobachten, ob sie Vitalitätsmängel aufweisen und insbesondere anfällig gegen Infektionen sind. Diese Zuchtmethode wende ich hauptsächlich dann an, wenn ich blutsfremde Tiere zur Verbesserung einzelner Merkmale eingebaut habe, also kein enger Verwandtschaftsgrad vorliegt und die ersten Nachzuchttiere durch einen gewissen Heterosiseffekt (bekannt bei Hybridkreuzungen) äußerst vital sind. Mit den aus dieser Paarung fallenden Jungtieren sollte man anschließend nicht noch einmal so sehr eng in die Linie gehen. Die besten Erfahrungen habe ich mit Paarungen 3. bis 6. Grades gemacht. Ich habe auch von Zuchtmethoden gehört, die besagen, dass der Täuber mütterlicherseits mit der Partnerin verwandt sein soll und die Täubin väterlicherseits mit ihrem Partner in die Verwandtschaft gehen soll. Auch diese Methode wurde von Züchtern mit Erfolg angewendet. Ich persönlich achte hierbei nicht so sehr auf das Geschlecht, sondern ganz besonders auf den Verwandtschaftsgrad. Wenn man bei seinen Tieren streng auf Vitalität achtet, wird man sofort bemerken, wenn die Inzucht zu eng wird, und man kann gegensteuern, bevor größere Schäden sichtbar auftreten.

ES GIBT ZWEI GUTE GRÜNDE DAFÜR, FREMDBLUT IN SEINE ZUCHT EINZUBAUEN

- *Vermeiden von Inzuchtdepressionen und Steigerung der Vitalität*
- *Verbessern von Rassemerkmalen, die in der eigenen Linie genetisch nicht in dem Ausmaß vorhanden sind*

Beim Zukauf von Tieren ist darauf zu achten, dass sie diese Merkmale, die ich mir zur Verbesserung meiner Zucht hereinholen möchte, in extremer Ausprägung möglichst reinerbig tragen und sonst keine groben Fehler aufweisen. Es hilft nichts, hier halbherzig vorzugehen. Durch das Einkreuzen wird oft ein Teil der gewünschten Merkmale abgeschwächt, sodass meistens nicht mehr viel übrig bleibt.

Beispiel für den Aufbau einer Linie

Man beginnt die Linienzucht mit zwei möglichst vollkommenen, aber blutsfremden Tieren, die vor allem gesund und vital sein müssen. Ideal ist es, wenn man ein Tier seiner Linie mit einem fremden verpaart. Von der Verwendung verwandter Tiere am Anfang möchte ich hier abraten, da man oft schon zu früh wieder in die enge Verwandtschaft kommt. Diese Methode überlassen wir den erfahrenen Züchtern, die ihre Linie, insbesondere bezüglich Vitalität und zu erwartender Inzuchtdepressionen, gut kennen.

Am besten ist es, wenn man die Ausgangstiere aus gut durchgezüchteten Stämmen erwirbt, der Einsatz von Zufallsprodukten ist hier nicht zielführend. Aus der Nachzucht dieses Zuchtpaares verpaart man den schönsten Sohn mit der Mutter und die beste Tochter mit dem Vater. Im darauffolgenden Jahr kommt die hochwertigste Enkelin an den Vater und in gleicher Weise ein Enkel an die Stammmutter.

Geht man auf diese Weise vor, entspricht die Häufung des Erbgutes zu Dreiviertel dem der Ausgangstiere. Wenn man diese Methode noch einmal anwendet,

Die Auswahl des richtigen Zuchtpaares ist die Grundlage für den Aufbau einer guten Linie.

haben die Nachkommen schon Siebenachtel des Erbgutes der Ausgangstiere. Dies entspricht schon einer sehr großen Annäherung an die Stammtiere, sodass man damit zwei nicht mehr sehr eng verwandte Linien aufgebaut hat.
Spätestens jetzt wird sich zeigen, wie hochwertig und vital die Ausgangstiere waren. Entspricht ein hoher Prozentsatz der Nachkommen der Qualität der Ausgangstiere, hat mein sein erstes Ziel erreicht, nämlich der Aufbau von zwei hochwertigen Linien, die man genetisch kennt und mit denen man weiterarbeiten kann.

Wenn die Ausgangstiere verdeckte oder vom Züchter tolerierte negative Eigenschaften in sich tragen, wird sich dies spätestens nach der 2. oder 3. Generation zeigen. Dann war alles umsonst, denn es bringt hier nichts, noch enger in die Linie zu gehen, da man diese negativen Eigenschaften im Erbgut festigen würde.

Wenn man noch etwas retten will, muss man umdenken und die besten Nachkommen, die diese Fehler nicht offensichtlich zeigen, an blutsfremde Partner paaren, in der Hoffnung diese Mängel zu verdrängen. Ob es geklappt hat, sieht man erst, nachdem man wieder in die Linie geht, da es sich meist um verdeckte (rezessive) Merkmale handelt, die nur sichtbar werden, wenn beide Partner dasselbe Erbmerkmal tragen. Hat es wieder nicht geklappt, beginnt dasselbe Spiel von Neuem – ja, das ist spannend und wahres Züchten.

Richtige Haltung und Fütterung sind wichtig für die Zuchtvorbereitung.

Weniger extrem und durchaus vielversprechend ist die Methode, wenn man sich von einem erfolgreichen Züchter aus einer durchgezüchteten Linie Tauben kauft und auf der Basis des 3. bis 5. Verwandtschaftsgrads zusammenpaart. Hier profitiert man von der erfolgreichen Arbeit des Verkäufers, geht kein hohes Risiko ein und kann durchaus sehr erfolgreich sein.
Abschließend muss noch einmal deutlich herausgestellt werden: Je enger man in die Inzucht geht, desto konsequenter müssen alle Tiere mit negativen Rassemerkmalen, Verhaltensweisen, Zuchteigenschaften und mangelnder Vitalität aussortiert werden, sonst festigt man ungewollt negative Kriterien und ist züchterisch am Ende. Dabei ist die Selektion auf Vitalität und Widerstandskraft, wie bereits eingangs erwähnt, noch wesentlich wichtiger als die nach Rassemerkmalen. Was nützen uns die schönsten Tauben, die alle angestrebten Rassemerkmale in sich vereinigen, aber andererseits äußerst krankheitsanfällig sind und keine oder kaum noch Nachzucht bringen.

Zuchtvorbereitung

Es ist äußerst vorteilhaft, wenn bereits mehrere Wochen vor der Anpaarung nur noch die zur Zucht vorgesehenen Tauben im Schlag sind. Die Täuber verbleiben in der Ruhezeit in der Regel im Zuchtschlag, die Täubinnen überwintern im Jungtierschlag. Die Nistzellen sind geschlossen.

Vor der Anpaarung

Bevor man mit der Zucht beginnt, muss den Jungtäubern und den zugekauften Tieren die Möglichkeit gegeben werden, die freien Zellen zu besetzen. Die angestammten Alttäuber nehmen ihre Zelle vom letzten Jahr wieder in Besitz. Die Jungtäuber werden in die freien Zellen gesetzt und am Anfang unter Aufsicht in den Schlag gelassen. Am besten sperrt man die Alttiere zunächst in ihren Zellen ein, damit die Neuzugänge ihre Zellen ungestört durch die dominanten „Alten" anfliegen können. Wenn die Täuber ihre Zellen vor der Anpaarung aufgeteilt haben, hat man es nachher leichter und es kommt weniger zu Streitigkeiten. Dies sollte etwa eine Woche vor der Anpaarung erfolgen. Es gilt dabei zu verhindern, dass sich die Täuber untereinander verpaaren, was hin und wieder vorkommen kann. Ist unter Täubern erst mal eine feste Bindung entstanden, kann es schwierig werden, sie mit den zugedachten Täubinnen zu verpaaren. Dieses Eingehen von gleichgeschlechtlichen Beziehungen ist bei den Täubinnen noch ausgeprägter als bei den Täubern. Sollten Zuchttauben eine gleichgeschlechtliche Beziehung eingegangen sein, müssen die Tiere für etwa eine Woche einzeln gehalten werden, danach sind sie in der Regel bereit, ihren neuen Partner anzunehmen.

Die wichtigsten vorbereitenden Maßnahmen für die Zucht beginnen bereits im Dezember nach der letzten Schau. Will man während der Zuchtvorbereitung noch Ausstellungen beschicken, geht man zusätzliche gesundheitliche Risiken ein, die sich nachher, in den ersten Wochen nach der Anpaarung, bitter rächen können. Wer im Januar noch ausstellen möchte, sollte seinen Zuchtbeginn nach hinten verschieben, um die notwendige Ruhezeit vor dem Zuchtbeginn einhalten zu können. Während der Ruhezeit sollen die Tiere, wie in der freien Natur in der Winterruhe auch, nicht so üppig ernährt werden, das heißt, sie sollen abspecken, um in Zuchtkondition zu kommen. In der dunklen Jahreszeit, also im Winter, ruht die Natur. Überschüssiges Fett wird durch Kälte und Hunger abgebaut, Schwächlinge und kranke Tiere rottet die Natur unbarmherzig aus. Vögel bilden in dieser Zeit ihre Geschlechtsorgane zurück. Bei den ersten Strahlen der wärmenden Frühlingssonne und damit verbundenem hochwertigerem Futterangebot und mehr Licht erwacht der Trieb, sich zu paaren und fortzupflanzen. Diesen Rhythmus der Natur sollten wir bei unseren Tauben auch einhalten.

Meine Tiere bekommen im Winter weniger gehaltvolles, mit Gerste und Reis gestrecktes Futter, um abzuspecken und den Körper zu entschlacken. Begleitet wird diese Phase von gesundheitsfördernden Maßnahmen. Nachdem die Tauben bereits im Herbst gegen Paramyxovirose geimpft wurden, lasse ich sie im Dezember noch – als einzige vorbeugende Maßnahme – gegen Salmonellen impfen. Die Untersuchung des Taubenkots und Kropfabstriche geben wichtige Aufschlüsse über den Gesundheitszustand. Nur wenn nötig wird behandelt; vorbeugende Kuren lehne ich ab, denn sie schwächen das Immunsystem und sind eher belastend für den Organismus als dass sie helfen.

Die Beleuchtung der Nistzelle sorgt für ein individuelles Beleuchtungsprogramm.

Zuchtbeginn

Mit dem Paarungstermin halte ich mich an die Gegebenheiten, die die Natur mir vorgibt. Wenn es wärmer wird und die Sonne sich öfter blicken lässt, werden meine Tauben mit Keimfutter und langsam verbesserter, eiweißreicherer Futtermischung angefüttert, um den Paarungstrieb zusätzlich anzuregen. Außerdem verstärke ich diesen Reiz noch durch ein künstliches Lichtprogramm, welches ich langsam bis zu 14 Stunden am Tag (6:00 bis 20:00 Uhr) steigere.

Nach meinen bisherigen Erfahrungen benötigen die Täuber ein bis zwei Wochen mehr an vorbereitenden Maßnahmen als die Täubinnen. Diese kommen schneller zur Eiablage, als die Täuber befruchtungsfähig werden, das heißt, deren Hoden wieder auf Normalgröße wachsen. Diese vorbereitenden Maßnahmen sollten bei den Täubern drei bis vier Wochen vor der Anpaarung und bei den Täubinnen zwei Wochen vorher erfolgen.
Der Zuchtbeginn liegt in unseren Breitengraden zwischen Mitte Februar und Anfang März. Es hat sich bewährt, im Zweifelsfall lieber etwas länger zu warten, als einen Schnellschuss zu starten, denn sind die ersten Gelege erst mal unbefruchtet, dauert es einige Zeit bis zur erneuten Eiablage. Die Zuchttiere sind dadurch unnötig geschwächt und der Zuchtrhythmus ist für das gesamte Zuchtjahr erheblich gestört. Dieses Missachten der inneren Uhr ist häufig in der laufenden Zuchtsaison nicht wieder gutzumachen.

Zusammenstellung der Zuchtpaare

Das A und O ist das Zusammenstellen der Zuchtpaare. Ein Ziel aller Zuchtmethoden ist es, das Erbgut (Genotyp) und das Aussehen (Phänotyp) seiner Tauben im Sinne des Rassestandards weiterzuentwickeln, sodass die Folgegeneration ihre Eltern möglichst übertrifft.
Erfahrene Züchter haben sich schon lange vor dem Anpaarungstermin Gedanken über die Zusammenstellung ihrer Zuchtpaare gemacht. Äußerst hilfreich hierbei ist ein gut geführtes Zuchtbuch. Wenn man seine Paare nur nach dem Aussehen zusammenstellt, ist das nur die halbe Wahrheit.
Da jedes Erbmerkmal in den Körperzellen doppelt vorhanden ist, sieht man äußerlich nur eine Mischung davon, wenn das Merkmal intermediär vererbt wird oder beim dominant-rezessiven Erbgang nur das dominante Gen. Welche Merkmale das Tier verdeckt trägt, sieht man äußerlich in der Regel nicht – hier helfen nur genaue Aufschreibungen über die Eigenschaften, Verhaltensweisen, Rassemerkmale und Zuchtleistungen seiner Vorfahren.

Passende Tauben zu erfolgreichen Zuchtpaaren zu vereinigen, ist die wahre Kunst des Züchtens. Ein eherner Grundsatz lautet: Man sollte nie zwei Tiere mit denselben Wünschen zusammen verpaaren. Ich spreche hier von Wünschen – Mängel sollten wir ausmerzen und nur im absoluten Ausnahmefall tolerieren, denn man läuft Gefahr, neben den Vorzügen vor allem die Mängel genetisch zu festigen, und das ist nicht zielführend. Wenn der Mangel rezessiv vererbt wird, taucht er bei den Nachkommen äußerlich nicht auf, aber wenn man dann in die Linie geht und zwei Tiere zusammenbringt, die diesen Mangel verdeckt tragen, wundert man sich, wo dieser Fehler plötzlich herkommt. Daher kommt die alte Regel, dass die Fehler immer eine Generation überspringen.

Auch wenn man zwei mit der Höchstnote bewertete Tiere verpaart, ist das kein Garant für den Erfolg – hier können uns die verdeckten Gene ebenfalls einen Streich spielen und die Nachkommen weniger typisch aussehen lassen als ihre Eltern. Den größten Erfolg habe ich oft mit mehrjährigen Zuchttieren, da ich deren Vererbung genau kenne und weiß, an wen ich sie paaren kann, oder auch mit enger Linienzucht, da hier die gewünschten Merkmale angehäuft werden. Aber bei Linienzucht ist äußerste Vorsicht geboten: Wenn unsere schweren Tauben zu eng verwandt sind, können nach meinen Erfahrungen Vitalitätsprobleme häufiger auftreten.

Weil wir nicht genügend qualitativ vollendete King unser eigen nennen, ist das häufigste Mittel, um vorwärts zu kommen, die Ausgleichspaarung. Das heißt, das eine Tier gleicht die qualitativen Wünsche des anderen mit Vorzügen und – wenn möglich – in überdurchschnittlicher Güte aus. Wie gut und schnell wir hier vorankommen, hängt vom Erbgang ab. Sind beide Gene gleichberechtigt (intermediärer Erbgang), erhalten wir eine Mischung aus beidem – zum Beispiel langer Schwanz x kurzer Schwanz = mittellanger Schwanz.
Wenn wir einen dominant-rezessiven Erbgang haben, das heißt, ein Merkmal über das andere dominiert, sehen wir in der ersten Generation nur das dominante Gen. Mit etwas Glück ist das von uns gewünschte Gen das dominante, dann sind wir schon in der ersten Generation erfolgreich, aber häufig ist unser gewünschtes Merkmal rezessiv, dann tragen die Jungtiere zwar das rezessive Gen, zeigen es aber im Aussehen nicht. Hier benötigen wir noch ein Jahr mehr, um zum Erfolg zu kommen: Wir sehen das gewünschte Merkmal erst, wenn es doppelt vorhanden ist, also von beiden Partnern an die Nachzucht weitergegeben wird. Die Bücher von Prof. Dr. Axel Sell (siehe Literaturverzeichnis) vermitteln hierüber tieferes Wissen.

Es wirkt sich günstig auf den Zuchterfolg aus, wenn man Jungtiere mit älteren Partnern verpaart, die schon wissen, wie es funktioniert. Setzt man Jungtiere an Gleichaltrige, die ebenfalls noch keine Zuchterfahrung haben, kann es vorkommen – muss aber nicht sein –, dass das erste oder gar die beiden ersten Gelege nicht zuverlässig ausgebrütet bzw. die Jungtiere nicht aufgezogen werden. Sie sind noch unsicher in ihren Aktionen, die Täuber brüten nicht zuverlässig und rennen anderen Täubinnen hinterher oder vergessen wegen des erneuten „aufs Nest Treibens“ sogar das Füttern der Jungen, sodass diese kümmern oder gar eingehen.

Kingtauben sind in der Regel mindestens sechs Jahre zuchtfähig, wenn man die eingangs beschriebenen Vitalitätskriterien beachtet. Ich hatte schon achtjährige Tauben im Bestand, die noch einwandfrei legten und befruchteten. Im Gegensatz dazu gibt es Blutlinien, häufig bei Importtieren, die nach drei Jahren schon „verblüht“ und kaum noch zuchttauglich sind.

Wenn man seine Zucht zielgerichtet weiterentwickelt, hat man in der Regel keine allzu alten Tauben im Bestand, da die Jungen die Alten qualitätsmäßig überholen und das lange Festhalten an den Ursprungstieren wieder einen Rückschritt bedeuten würde. Aber auch hier gibt es Ausnahmen. Wenn man außergewöhnliche Vererber hat, sollte man sich nicht zu früh von ihnen trennen; sie stellen praktisch ein Genreservoir dar, auf das man immer wieder zurückgreifen kann.

Vitale Kingtauben sind mindestens sechs Jahre lang zuchtfähig.

Das Anpaaren

Wenn die Witterung mitspielt, kann es losgehen. Der Tag der Anpaarung ist gekommen, wenn wir etwas Sonnenschein haben und die Außentemperatur mindestens +10 °C beträgt. Bei ausreichend Licht und Wärme kündigt sich in unseren Tauben das Frühlingserwachen an. Bei einigen Tieren ist es Liebe auf den ersten Blick und sie sind schnell ein Paar, bei anderen kann es mehrere Tage dauern, bis sie sich gegenseitig annehmen. Oft ist dies auch ein Gradmesser für den Zuchterfolg. Paare, die sich sofort mögen, bringen meistens mehr Jungtiere hervor als die Zwangsverpaarten.

Vor der Anpaarung wird den Zuchttieren das Gefieder unter der Kloake mit einer Schere dicht über der Haut abgeschnitten. Dies soll verhindern, dass Kot im Aftergefieder hängen bleibt und sich Klumpen bilden. Die Begattung erfolgt durch pressende Berührung der beiden Kloaken, dadurch gelangen die Spermien in den Eileiter der Täubin. Befinden sich Kotklumpen im Aftergefieder, kann dieser Vorgang gestört werden und die Folge sind unbefruchtete Eier.

Auch während der Zuchtzeit, insbesondere dann, wenn der Balztrieb einsetzt, muss das Aftergefieder sauber und frei von Klumpen sein. Obwohl es durch das Beschneiden des Aftergefieders kaum zur Klumpenbildung kommen kann, sind regelmäßige Kontrollen sinnvoll.

Es ist selbstverständlich, seine Tiere regelmäßig auf Ungezieferbefall zu kontrollieren. Falls eine Gegenmaßnahme erforderlich ist, sollte diese rechtzeitig vor der Eiablage erfolgen, um die empfindliche Brut vor etwaigen Dämpfen von Ungezieferspays zu schützen.

Wer möchte, kann die Paare noch durch farbige Kennringe kennzeichnen. Wenn man dann den Jungtieren Ringe in derselben Farbe anlegt, sieht man auf den ersten Blick, wer zusammengehört.

Nun setzt man die Tiere zur Paarbildung in die ihnen zugedachten verschlossenen Nistzellen und beobachtet sie einige Zeit. Wenn sie schnell harmonieren und sich gegenseitig annehmen, ohne zu streiten, kann man sie dort belassen. Wenn sie streiten und sich nicht gleich mögen, trennt man die Nistzelle durch ein Gitter ab, sodass sie sich sehen, aber nicht streiten können. Wenn dies nicht möglich ist, setzt man die Tiere nebeneinander in Ausstellungskäfige.
Ein schnelles Handeln ist hier sehr wichtig. Haben sich die Tiere erst mal richtig zerstritten oder gar verletzt, wird es schwierig, sie noch zusammenzubringen. Wenn sie sich durch das Gitter langsam kennenlernen, ist die Chance für eine Verpaarung größer. Aber wie bereits erwähnt, sind derartige unharmonische Zwangsehen selten von Erfolg gekrönt.
Nach etwa einem Tag lässt man die fest verpaarten Tiere abwechselnd in den Schlag. Ich füttere sie dann im Stall und nach dem Fressen fliegen sie meistens ihre Nistzelle wieder an. Wenn dies nach zwei Stunden nicht funktioniert, setze ich die Tiere wieder in ihre Zelle und lasse die nächsten heraus. Wenn die Tiere ihre Nistzellen sicher anfliegen, lasse ich zwei Paare möglichst aus nicht nebeneinander oder übereinander liegenden Nistzellen zur gleichen Zeit heraus. Funktioniert dies, wird jede zweite Zelle geöffnet, sodass die Hälfte der Paare frei ist. Dies bleibt einen Tag so. Wenn alle wieder in der Zelle sind, kommt die andere Hälfte dran. Nun sperre ich für wenige Stunden wieder alle Paare in ihre Zellen und lasse anschließend alle frei.
Will man möglichst schnell Ruhe im Schlag haben, sollte sich der Züchter jetzt etwas Zeit nehmen und diesen Vorgang einige Zeit beobachten, um gegebenenfalls eingreifen zu können, wenn sich Tiere irrtümlich oder absichtlich in fremde Zellen begeben. Wenn man den Eindringling wieder in seine Zelle zurücksetzt, weiß er meist schnell wieder, wo er hingehört. Alttäuber, die unter Umständen schon Jahre in der gleichen Zelle sitzen, haben hier weniger Schwierigkeiten als Jungtauben oder Zukäufe.
In den ersten Tagen empfiehlt es sich, regelmäßig zu kontrollieren, ob alles seine Ordnung hat. Während des ganzen Vorgangs bleibt der Zugang zur Voliere geschlossen, sodass die Tiere nicht nach draußen flüchten können und sich eher mit den anderen Schlaggenossen auseinandersetzen müssen. Nach etwa einer Woche sind die größten Schwierigkeiten überwunden und es kehrt langsam Ruhe ein. Jetzt öffne ich den Zugang zur Voliere, damit die Tiere nach draußen können. Dies ist nun auch dringend erforderlich, da die Eiablage bald bevorsteht und die Tiere mehr Raum für die Begattung benötigen.

Eine Einzelboxenhaltung mit vorgebauten Volieren bei Marco Ohlhorst, Wedemark

Bei größeren Beständen empfiehlt es sich, mehrere Zuchtschläge zu bauen. Vier bis acht Paare pro Zuchtabteil gelten als ideal. Es herrscht mehr Ruhe, weil sich die Tauben besser kennen und ihre Reviere gegenseitig achten. Dagegen kennen sich bei größeren Schlägen die Tauben, die in den entfernteren Ecken brüten, nicht so gut, deshalb kommt es hier häufiger zu Revierkämpfen, die oft mit dem Verlust des Geleges oder gar der kleinen Taubenküken enden. Außerdem sind Umpaarungen leichter möglich, weil man die Partner des Vorjahres in der neuen Zuchtperiode in unterschiedlichen Schlägen unterbringen kann.

Diese Schwierigkeiten ergeben sich bei Boxenhaltung nicht. Hier hat jedes Paar sein abgegrenztes Revier. Die Eingewöhnung in die Nistzellen geht leichter vonstatten, die Tauben brüten ungestörter und werden beim Tretakt nicht durch andere behelligt. Nach meinen Erfahrungen ist jedoch bei der Boxenhaltung weniger „Leben" im Stall, weil die Tiere durch die fehlende Revierverteidigung träge werden können, was sich unter Umständen negativ auf die Befruchtung und das Aufzuchtverhalten auswirken kann. Die Gestaltung der Boxen bzw. der Schlagabteile wird später im Kapitel Haltung und Unterbringung beschrieben.
Jede Haltungsweise hat ihre Vor- und Nachteile. Der Züchter muss selbst entscheiden was ihm besser gefällt, denn er muss damit umgehen können und – egal wie die Tiere gehalten werden – das Optimum an Pflege bieten. Nur für eines möchte ich eine Lanze brechen. Setzt keine Ammen ein! Unsere King sind in der Lage, ihre

Jungen selbst aufziehen und diesen Instinkt müssen wir auf jeden Fall erhalten. Durch Ammenzucht kommt man zwar schneller zum Erfolg, weil man von einem Paar mehr Jungtiere aufziehen kann, doch irgendwann rächt sich dieser Raubbau und man bedenke, die Natur lässt sich nicht dauerhaft ins Handwerk pfuschen, irgendwann schlägt sie gnadenlos zurück. Außerdem tut es mir in der Seele weh, wenn ich einem Taubenpaar, welches fürsorglich auf seinem Gelege sitzt, nur wegen des vermeintlich schnellen Erfolgs die Eier entwende und dann ihre wehmütig suchenden Blicke anschauen muss.

Die Zuchtzeit

Die Nistschale

Ist Ruhe im Schlag eingekehrt, sind die Tauben fest verpaart und kennen ihre Nistzellen, muss nun schleunigst jedem Zuchtpaar eine Nistschale zur Verfügung gestellt werden. Hier gibt es die mannigfaltigsten Konstruktionen. Will man Nistschalen – sei es aus Ton, Kunststoff oder Pappe – erwerben, muss unbedingt darauf geachtet werden, dass der Durchmesser 28 cm beträgt. Auch abgeschnittene Kunststoffeimer oder PVC-Rohre finden Verwendung.
Wichtig dabei ist die Standfestigkeit der Schale. Wenn unsere schweren King auf die Kante treten, darf sie nicht kippen. Hier hilft eine Teilfüllung mit feinem Sand, die genügend Gewicht bringt, um die Schale nicht kippen zu lassen. Zur Auspolsterung gibt man Stroh, Schaumstoff oder sonstige Fasermatten oben drauf. Bei Verwendung von viereckigen Holzrahmen ist darauf zu achten, dass die Ecken höher ausgepolstert werden als die Mitte, um ein Wegrollen und Kaltwerden der Eier zu vermeiden.

Eine Nistschale erhöht angebracht und mit Schaumstoff ausgepolstert bietet ideale Brutbedingungen und sorgt für einen ungestörten Ablauf.

Ich setze seit längeren Jahren Haushalts-Kunststoffschüsseln oder runde Pflanzschalen mit Erfolg ein. Diese Behälter lasse ich so ein, dass die Tiere, ohne über einen erhöhten Rand steigen zu müssen, so eben in die Schale kommen. In die Schüsseln bohre ich unten kleine Löcher, sodass Luft hineingelangt – die Pflanzschalen habe diese Öffnungen von Haus aus schon.

Den unteren Teil fülle ich mit Hanfhäcksel. Dies hat den Vorteil, dass es etwas gröber ist und so die Luft durch die Einstreu zirkulieren kann. Damit ist sichergestellt, dass sich kein Schwitzwasser bildet. Außerdem wird auch das Ungeziefer abgehalten. Als Auspolsterung verwende ich vorwiegend kurz geschnittenes Stroh oder Heu. Tabakstängel sind hierfür auch bestens geeignet.
Wichtig ist, dass in der Nistschale keine glatten Flächen entstehen, denn unsere schweren King würden dann, wenn sie keinen Halt mit den Beinen haben, recht schnell grätschen. Während dieser Zeit sollte den Tauben ständig Nistmaterial zum selbstständigen Nestbau angeboten werden. Dies beschäftigt sie und fördert die natürlichen Instinkte.
Man sollte aber regelmäßig kontrollieren, dass keine harten Gegenstände ins Nest getragen werden, welche die Eier beschädigen könnten, oder der Nestbau gar in einen Turmbau ausartet. Ich entferne ab und zu stärkere Ästchen, die von meiner Volierenbepflanzung stammen, die sie liebend gern zum Nestbau verwenden.

Die Brutperiode

Wenn nun alles vorbereitet ist, kann es losgehen. In der Regel rechnet man in der zweiten Woche nach dem Anpaaren mit dem ersten Ei, welches meistens in den Abendstunden gelegt wird. Das zweite Ei wird am übernächsten Tag am frühen Nachmittag erwartet. Normalerweise brüten die Tauben erst fest, wenn das zweite Ei im Nest liegt. Es gibt aber auch Ausnahmefälle, in denen die Tiere bereits beim ersten Ei fest sitzen. Dies würde zu einem ungleichmäßigen Schlupf führen, was zur Folge hätte, dass das später geschlüpfte Jungtier in der gesamten Nestlingsphase körperlich schwächer als das erste wäre. Dies kann oft ein ganzes Taubenleben lang nicht mehr aufgeholt werden.
Dem kann man vorbeugen, indem man das erste Ei entfernt, durch ein Gips-Ei ersetzt und erst wieder am übernächsten Tag vormittags zurücklegt. Durch das Bebrüten ab dem Vormittag wird das erste Ei wieder durchgewärmt und der Keim kann sich dann gleichzeitig mit dem am Nachmittag gelegten, bereits warmen Ei entwickeln.
Taubeneier lagert man dunkel bei etwa 10 °C und möglichst hoher Luftfeuchtigkeit. Wenn man dies bei mehreren Paaren gleichzeitig durchführt, beugt ein Beschriften der Eier mit Bleistift Verwechslungen vor.

Vier Tage nach Brutbeginn kann man die Eier durchleuchten. Dies kann mit einer Taschenlampe erfolgen oder indem man das Ei gegen die Lichtquelle im Schlag hält. Sind die Eier befruchtet, sieht man die feinen Blutgefäße, die sich spinnwebenartig auf dem Dotter ausbreiten. In der Mitte befindet sich ein dunkler Punkt, der sich später zum Herz entwickelt. Bei genauem Hinsehen sieht man ihn bereits pulsieren.

Bei dieser Aktion ist äußerste Vorsicht geboten, denn die schnell wachsenden Embryonen sind in dieser Zeit sehr empfindlich. Die Eier dürfen nicht erschüttert oder über die Spitze gedreht werden. Die Nestkontrollen erfolgen am sinnvollsten während der Fütterung, wenn die Eltern das Nest verlassen. Hier läuft man am wenigsten Gefahr, dass durch Unachtsamkeit das Gelege beschädigt wird.
Wenn die Eltern das Nest nicht verlassen, muss man äußerst vorsichtig vorgehen. Unsere King sind in der Regel recht ruhig und lassen Nestkontrollen zu, es gibt aber auch Tiere, die ihr Gelege vehement verteidigen.
Mit einem gezielten Griff werden zuerst die Eier geschützt. Beim Herausnehmen sichert man mit der zweiten Hand die Eier gegen Schnabelhiebe oder Flügelschläge. So schafft man es, das Gelege möglichst erschütterungsfrei und unbeschädigt aus dem Nest zu nehmen. Beim Zurücklegen nehme ich aggressive Eltern vom Nest und lege die Eier wieder hinein. Dann entferne ich mich von der Nistzelle, um ein erneutes Verteidigungsgehabe zu unterbinden. Die Tiere gehen dann meist ganz ruhig wieder auf ihr Nest und brüten weiter. Wenn die Eier leicht abkühlen, weil die Eltern für kurze Zeit das Nest verlassen, schadet das nicht, im Gegenteil – es stärkt die Embryonen.

Unbefruchtete Eier sollte man nicht gleich entfernen. Zum einen sollte die Täubin noch ein wenig geschont werden. Wenn die Eier weg sind, treibt sie der Täuber wieder unbarmherzig für ein neues Gelege aufs Nest. Dabei kann es besonders bei Jungtäubinnen recht schnell zu dünnschaligen Eiern kommen.

UNBEFRUCHTETE EIER

In der ersten Brut kommt es häufig vor, dass die Eier unbefruchtet sind. Dies kann mehrere Gründe haben:

- *Entweder sind die Hoden der Täuber nach der Winterpause noch nicht voll entwickelt und funktionsfähig*
- *oder junge Täuber sind noch unsicher und müssen den Tretakt erst lernen.*
- *Manchmal stören sich die Tiere auch beim Tretakt. Sobald sich die Täubin abduckt, sind die Konkurrenten zur Stelle und vereiteln ein sicheres Befruchten. Hier hilft es, wenn man die Voliere bepflanzt und dadurch ein paar nicht einsehbare Ecken schafft, in denen die Paare ungestört sind. Wenn die Nistzelle so groß ist, dass sich die Tiere dort ungestört treten können, kann dies auch helfen.*

Zum andern habe ich in meiner Zucht bemerkt, dass sich die Tiere nach dem vorzeitigen Entfernen der Eier oft ein neues Nest suchen, weil ihnen das alte wegen des Verlustes des Geleges zu unsicher erscheint. Dies bringt dann wieder reichlich Unruhe in den Stall, weil die Tauben versuchen, fremde Nester anzufliegen und dadurch die Revierkämpfe von Neuem beginnen.
Ich lasse diese Paare die volle Zeit durchbrüten und versuche, wenn möglich, ein befruchtetes Ei von einem anderen Paar unterzulegen. Dann kommt das Paar wesentlich besser wieder in den Zuchtrhythmus.

Von erfahrenen Elterntieren werden die Eier – hier schon vom zweiten Gelege – fest bebrütet.

Tauben brüten normalerweise 18 Tage. In der wärmeren Jahreszeit schlüpfen die Jungen auch schon mal nach 17 Tagen. Manchmal gibt es auch Verzögerungen, weil die Eier nicht gleich nach der Eiablage fest bebrütet werden. Insbesondere bei jungen Täubern kann es vorkommen, dass sie in den ersten Bruten recht unregelmäßig oder gar nicht brüten. Die anderen Täubinnen sind ihnen wichtiger als ihr Brutgeschäft, deshalb treiben sie sich lieber im Schlag herum und die Eier werden kalt. Gute Täubinnen kompensieren dieses Fehlverhalten oft und bleiben nahezu ununterbrochen auf den Eiern sitzen.
Da der Täuber normalerweise von 11:00 Uhr bis 16:00 Uhr brütet und es in dieser Zeit in der Regel nicht so kalt ist, sterben die Eier nicht ab, wenn auch die Täubin für einige Zeit das Nest verlässt. Die Jungen schlüpfen dann trotzdem oft nach 20 Tagen noch. Deshalb hat es sich bewährt, wenn man zu einem Jungtier einen erfahrenen Partner paart, der hier unter Umständen die Nachlässigkeit des anderen ausbügeln kann. Es klappt aber nicht immer. Manchmal verlässt auch die Täubin nach ein paar Tagen die Eier, weil sie einfach keine Lust mehr hat, das gesamte Brutgeschäft allein zu erledigen.
Spätestens nach der zweiten oder dritten Brut sollten die Paare „funktionieren“, ansonsten muss man sich ernsthafte Überlegungen über deren Verbleib im Bestand machen. Bei wertvollen Tieren paare ich beide Partner um, um so sicher den Übeltäter zu ermitteln. Ich hatte schon Jungtäuber, die erst im zweiten Jahr in die Gänge gekommen sind, nachdem die erste jugendliche Sturm- und Drangphase vorbei war. Sie haben danach einwandfrei ihre Jungen ausgebrütet und aufgezogen. Dies sollte aber die Ausnahme sein, denn oft vererben sie diese negativen Ei-

genschaften auf ihre Söhne und wo kommen wir hin, wenn wir über den gesamten Bestand erst ab dem zweiten Zuchtjahr Junge erwarten dürfen?

Bei unseren schweren King kann es vorkommen, dass die Eier während der Brut eingedrückt werden. Grund hierfür ist oft eine unzulängliche Auspolsterung der Nistschale oder Brutstörungen wie zum Beispiel Raufereien durch verflogene Stallgenossen. Beschädigte Eier lassen sich mit dünnem Papier und Tischlerleim reparieren, solange die Eihaut nicht beschädigt ist. Wichtig ist, dass man die beschädigten Flächen wieder stabilisiert, um dem Druck der Eltern standzuhalten, und abdichtet, damit nicht zu viel Flüssigkeit verdunstet. Es gibt auch tollpatschige Tauben, die ihre Eier trotz aller Vorkehrungen selbst zertreten. Diese Tiere sollte man aus der Zucht nehmen, da sie sich eh nur über Ammen fortpflanzen können.

Schlupf und Nestlingsphase

Bei normalem Brutverlauf picken die Taubenküken zwischen dem 16. und 17. Bruttag, das heißt, sie durchstoßen mit ihrem Eizahn die Eihaut und die Kalkschale. In dieser Zeit beginnen die Küken mit der Lungenatmung. Nun steht ihnen der schwerste Kraftakt in ihrem noch jungen Taubenleben bevor. Sie drehen sich langsam um ihre eigene Achse und picken dabei ständig die Eischale auf, sodass nahezu auf dem gesamten Umfang eine Naht entsteht. Wenn dies zu mindestens zwei Drittel geschafft ist, sprengen sie den Deckel ab und erblicken das Licht der Welt. Dieser Vorgang kann bis zu 48 Stunden dauern.

Die beiden Küken werden liebevoll umsorgt.

Während dieser Zeit sitzen unsere Tauben ganz fest auf dem Nest und wollen es nicht mehr verlassen, nicht einmal zum Fressen oder Wechseln. Der Züchter sollte Geduld bewahren und dieses Ereignis nicht stören, denn schon beim Anheben der brütenden Taube sinkt die Luftfeuchtigkeit um das Ei, was zur Folge haben kann, dass die Eihaut zäh wird und am Küken klebt, sodass es sie nicht mehr aufreißen kann und schließlich darin verendet. Dies kann auch vorkommen, wenn die angepickten Eier, die dadurch ihre Stabilität verlieren, von den Eltern angedrückt werden.

Eine aktive Schlupfhilfe seitens des Züchters sollte unterbleiben, denn wer es nicht selbstständig ins Leben schafft, ist nicht vital genug und wird uns selten zufriedenstellen. In der warmen Jahreszeit kann man ab dem 15. Tag ein paar Tropfen Wasser ins Nest träufeln oder in extremen Fällen die Eier mit lauwarmem Wasser besprühen, um die Luftfeuchtigkeit zu erhöhen. Im Normalfall hilft auf ganz natürliche Weise, wenn man die Tiere häufig baden lässt.
Die kleinen Taubenküken liegen zunächst ganz hilflos im Nest. Nach zwei Stunden ist das Daunenkleid trocken und wenige Stunden später sitzen vitale Taubenküken bereits mit gefülltem Kropf im Nest.
Tauben ernähren ihre Küken in den ersten Tagen mit Kropfschleim. Dieser bildet sich nach dem 15. Bruttag in zunehmendem Maße. Wenn dann die Jungen nach 17 bis 18 Tagen schlüpfen, sind die Eltern in der Lage, ihre Küken mit reichlich Nahrung zu versorgen.

Es kommt immer wieder vor, dass frisch geschlüpfte Taubenküken durch die Eltern nicht „angeschleimt“ werden. Dies kann unterschiedliche Ursachen haben.
Im Regelfall liegt das nicht an den Eltern, sondern an der mangelnden Vitalität der Küken. Die Natur hat hier eine Sperre eingebaut, indem die Eltern nicht lebensfähige Küken erkennen und nicht anfüttern. Es gibt aber auch Fälle, in denen man die Kingküken zu Ammen umlegt und diese von denen angefüttert werden, während die King im Gegenzug auch die Ammenjungen aufziehen. Die Frage ist: Betteln die jungen King für ihre eigenen Eltern nicht genug, obwohl es für die Ammentauben ausreicht? Auf jeden Fall ist hier mit den Instinkten etwas nicht in Ordnung und dies sollte unbedingt im Auge behalten werden – waren die King doch ursprünglich Masttauben mit einer fabelhaften Reproduktionsrate.
Wir haben uns durch Auswahl auf Rassigkeit und Schönheit von diesem Grundgedanken weit entfernt, sollten uns aber immer wieder mal an diese Wurzeln erinnern, um die Historie nicht ganz aus den Augen zu verlieren. Wir sollten nicht alles, was unsere Vorväter schufen, über Bord werfen. Der Umstieg auf Ammenzucht ist in meinen Augen kein Ausweg. Ich züchte in meiner Zucht ohne Ammen, dadurch haben Tiere mit diesen Problemen gar keine Chance sich fortzupflanzen und das Problem regelt sich damit fast von allein. Wenn man dann noch gezielt auf Vitalität achtet, schafft man sich einen zuchtfreudigen Stamm, der viel Spaß bereitet.

Bei jungen unerfahrenen Paaren oder bei der ersten Brut kann es hin und wieder schon mal zu Problemen kommen, aber das sollte die absolute Ausnahme sein. Unsere King sind fürsorgliche Eltern und füttern ihre Jungen zu prächtigen Burschen heran.
Die kleinen Taubenküken werden in den ersten vier Lebenstagen von ihren Eltern ausschließlich mit Kropfmilch versorgt. Dann werden sukzessive gequollene Kör-

ner aus dem Kropf zugemischt und die Kropfmilchbildung wird dabei schleichend reduziert. Durch diese nährstoffreiche Ernährung wachsen die Küken recht schnell. Sie verdoppeln in den ersten beiden Tagen ihr Geburtsgewicht und nach einer Woche haben sie es bereits verzehnfacht.
Diese rasante Entwicklung hält zweieinhalb bis drei Wochen an, danach nehmen sie nur noch wenig zu, benötigen aber trotzdem reichlich Nährstoffe für die Gefiederbildung. In der Zeit der Körnerfütterung sollte mindesten zwei Mal am Tag gefüttert werden. Wer in der Lage dazu ist, kann die Tagesration auch auf drei Fütterungsintervalle aufteilen.
Wenn wir unsere Tauben beobachten, sehen wir, dass sie immer einige Zeit nach der Fütterung ihre Jungen atzen. Wichtig ist dabei, dass man gehaltvoll füttert, aber die Menge so wählt, dass jedes Mal der Trog leer ist. Bei der Verabreichung von Standfutter ist dieser Anreiz, die Jungen zu füttern, nicht in dem Maße vorhanden.

BERINGEN

Die jungen King werden im Alter von acht Tagen beringt. Die lichte Weite dieses Rings ist im Europastandard auf 10 mm festgeschrieben. Er sollte so aufgezogen werden, dass die Schrift „auf dem Kopf steht“. Dies erleichtert dem Preisrichter das Ablesen der Ringnummer beim Bewerten. Sollte man den Termin verpasst haben oder das Jungtier sehr starkknochig sein, kann man mit etwas Speiseöl, säurefreiem Fett oder Seife die Gleitfähigkeit erhöhen.

Eine Woche nach dem Schlupf der Jungtiere sollte man den Alttieren eine zweite Nistschale zur Verfügung stellen, weil sie etwa zwei Wochen nach dem Schlupf des vorigen Geleges mit dem nächsten beginnen. In dieser Phase sind die Jungtiere oft etwas unterversorgt, weil der Täuber damit beschäftigt ist, seine Täubin aufs Nest zu treiben. Hier ist eine zusätzliche Zellenfütterung hilfreich; so lernen die Jungen auch gleich das Körnerpicken, was uns das spätere Absetzen erleichtert.
Manche Eltern nehmen es in dieser Zeit mit dem Hudern ihrer Jungen nicht so genau, was in kalten Nächten zu Verlusten führen kann. Wenn zwei Junge im Nest liegen, die sich gegenseitig wärmen können, ist die Gefahr geringer. Wer ganz sicher gehen möchte, insbesondere in winterlichen Regionen, kann auf technische Hilfsmittel wie heizbare Nistschalen oder Heizlampen zurückgreifen. Ich bevorzuge hier jedoch eine strenge Selektion auf gute Elterneigenschaften, sodass die eventuellen Verluste auf natürliche Weise reduziert werden. Wenn die nächsten Eier im Nest liegen und die Tauben brüten, sollte diese Durststrecke durchgestanden sein. Der

Täuber kann sich nun wieder ungestört seinen Jungen widmen, während die Täubin den Hauptteil des Brutgeschäfts übernimmt. King müssen in der Lage sein, ihre Jungen selbst aufzuziehen, da sie keinen anatomischen Übertreibungen unterliegen. Gesunde Zuchttiere, die ihre Jungen nicht ausreichend versorgen, sollten ausgemerzt werden. Eine zusätzliche Zwangsfütterung durch den Züchter, mit welchen Geräten auch immer, ist nicht zielführend und muss, wenn man es einmal angefangen hat, bis zum Absetzen durchgezogen werden. Auch das alte Ammenmärchen, dass ein einzelnes Junges größer und kräftiger wird, als wenn zwei in einem Nest liegen, wurde schon mehrfach widerlegt. Für die Größe und Masse unserer Tauben sind in erster Linie die Gene, die Elterneigenschaften und zu guter Letzt das Futter verantwortlich.

Zwei gleichmäßig entwickelte Jungtauben liegen ihm Nest, während die Eltern auf der erhöhten Nistschale ungehindert das zweite Gelege vorbereiten.

Aufzucht der Jungen

Mit 26 bis 28 Tagen, rechtzeitig vor dem Schlupf der nächsten Generation, sollten die Jungtiere abgesetzt werden. Dies wird wesentlich erleichtert, wenn die Jungen durch Zellenfütterung das Picken von Körnern bereits erlernt haben. Dies funktioniert bei mir in meinen wenigen Einzelbuchten ohne Probleme, da die Jungen recht frühzeitig mit den Eltern mitfressen, obwohl sie auch noch von ihnen gefüttert werden.
Man setzt die Jungen, möglichst in Gruppen, in den Jungtierstall. Ideal für spätere Bruten ist ein Babystall, in dem die frisch abgesetzten Jungen nicht durch die ältere Generation belästigt werden können. Ich lasse meine Jungtiere im Zuchtschlag (Gemeinschaftshaltung) gern dort ausfliegen, damit sie mit ihren Eltern fressen lernen und begleitend noch von ihnen gefüttert werden. Da meine Tiere in der Regel recht duldsam sind, klappt dies meistens auch sehr gut. Dadurch erreiche ich einen überlappenden Übergang vom Atzen der Eltern zum selbstständigen Fressen und habe keinerlei Einbrüche in der Entwicklung.

Bei dieser Methode ist allerdings äußerste Vorsicht und ständige Beobachtung geboten. Es kann leicht zu Verletzungen der Jungtiere durch andere Täuber kommen. Der Zuchtschlag muss hierfür so gestaltet sein, dass sich die Jungen zurückziehen können, ohne von den Alten behelligt zu werden. Dazu reicht ein vor den Zellen knapp über dem Boden angebrachtes Brett, unter welches sie gerade noch kriechen können, aus. Wenn sie von Alttieren verfolgt werden, finden sie dort Zuflucht und die Angreifer lassen von ihnen ab.
Diese Phase darf nicht zu lange dauern, denn die Jungen können sich am Trog gegenüber den Alten nicht durchsetzen und erhalten dadurch keine gehaltvolle Ernährung. Wenn die Atzung durch die Eltern nachlässt und die Jungen das Picken gelernt haben, verbringe ich sie bereits nach wenigen Tagen in den Jungtierstall. Dort können sie sich ungestört entwickeln.

Der Babystall

Wer ganz sicher gehen will oder wenig Zeit hat, seine Tiere zu beobachten, setzt seine Jungen gleich in einen Babystall. Der Babystall ist die Bleibe für zwei bis drei Wochen. Dort werden sie in die Selbstständigkeit entlassen und lernen fressen und saufen. Hier hat man seine Jungen immer im Blick und man merkt gleich, wenn ein Tier mit gesträubtem Gefieder herumsitzt. Es hat dann meistens die Tränke nicht gefunden. Hier hilft mehrmaliges Eintauchen des Schnabels in das Wasser der Tränke. Gesunde Jungtiere lernen dann schnell, wo das köstliche Nass herkommt. Ein Zufüttern mit gequollenen Körnern halte ich für überflüssig. Der Hunger und der angeborene Instinkt sollten ausreichen, das Fressen zu erlernen.
Für den Babystall reicht ein kleiner Raum von etwa einem Quadratmeter aus, der idealerweise in Augenhöhe ist, sodass man die Tiere besser beobachten kann. Ich sehe dies auch schon als Vorstufe für eine spätere Käfiggewöhnung an. Wenn man sich beim Füttern etwas Zeit lässt, werden die frisch abgesetzten Jungen schnell zahm und zutraulich.
Untersuchungen unseres Wissenschaftlichen Geflügelhofs haben ergeben, dass die Prägung bei Tauben am besten in den ersten Lebenswochen erfolgt. Wenn man sich dies zunutze macht, werden unser Jungtiere – vorausgesetzt das genetische Muster passt – als zutrauliche Wesen in den Jungtierstall entlassen. Von Natur aus wilde oder aggressive Individuen können, trotz aller Beschäftigung mit ihnen, nie richtig zutraulich werden – die genetische Voraussetzung muss vorhanden sein.
Eine übertriebene Prägung auf uns Menschen sollten wir auch unterlassen, denn zu verspielte Tiere präsentieren sich auf einer Schau auch nicht so, wie wir es wünschen. Ich spreche immer vom Ideal King, der gelassen ist und in sich ruht – meine Tochter würde sagen, „cool“ muss er sein. Dieser Typ ist der Garant für bestes Präsentieren auf den Ausstellungen. Weder der übertrieben Zahme noch der Wilde haben gegen ihn eine Chance.

Aufwachsen im Jungtierstall

Der Jungtierstall sollte möglichst geräumig mit angebauter Voliere sein. Jedes Tier sollte seinen Sitzplatz haben, wo es sich sicher fühlt und von anderen nicht behelligt wird. Nur so sind ein stressfreies Aufwachsen und eine optimale Entwicklung möglich. Unsere King nutzen die höher gelegenen Sitzplätze kaum, sodass der Raum entsprechend größer sein sollte, um die Forderung „ein Sitzplatz pro Tier" erfüllen zu können.

Unsere schweren Tauben brauchen eine gewisse Zeit, um körperlich auszureifen. Es bringt nichts, die Tiere zu mästen. Sie werden dann zwar fett und schwer, aber die Entwicklung der Organe und die Muskelbildung bleiben zurück. Mit derart hergetriebenen Tieren wird man in der Zucht selten glücklich.

Jungtiere erhalten ein speziell für ihren Bedarf abgestimmtes Futter mit allen Nährstoffen, die für Wachstum und Federbildung erforderlich sind. Besonders die Mauser stellt hohe Ansprüche an das Futter und seine Bestandteile. Wichtig für die Federbildung sind Aminosäuren wie Methionin und Cystin sowie verschiedene Mineralien wie Phosphor und Kalzium. Diese müssen im richtigen Verhältnis im Futter enthalten sein.

Insbesondere Jungtauben in der Entwicklung bedürfen ständiger Beobachtung und Kontrolle des Gesundheitszustands. Wer ein gutes Zuchtjahr hinter sich hat,

Ein extra Jungtierstall für jede Brut – ideale Bedingungen für die Tauben von Hans Berger

kommt oft an die Grenzen seiner Stallkapazität. Deshalb sollte der Bestand nicht unnötig groß gehalten werden. Kränkliche Tiere, die sich nicht recht entwickeln, nehmen nur unnötig Platz weg. Aus ihnen wird nie ein Preisträger, geschweige denn eine gute Zuchttaube. Tiere mit offensichtlichen Mängeln, die man schon im Jugendstadium sieht, können ebenfalls entfernt werden. Ein Tier, das zu tief steht, einen dünnen langen Schnabel hat oder in den Fersengelenken durchdrückt, wird sich bezüglich dieser Merkmale nicht mehr verbessern.
Weniger ist manchmal mehr. Wenn die Guten mehr Raum haben, werden sie oft noch schöner. Bezüglich der Form ist jedoch eine frühe Auslese manchmal mit Vorsicht zu genießen. Die Tiere verändern sich im Laufe ihres Wachstums noch, sodass es hier zu Fehleinschätzungen kommen könnte.

Wenn nur ein Jungtierstall zur Verfügung steht, sieht man seine späteren Jungtiere durch die Täuber der frühen Bruten belästigt. Ideal wäre es, wenn für sie ein extra Jungtierabteil vorhanden wäre. Wenn nicht, setzt man diese Rabauken gleich nach der Trennung der Alttiere zu den Alttäubern. Dort können sie sich nach Lust und Laune austoben. Da die Alttiere bereits schon in die Mauser gegangen sind, verhalten sich diese jetzt auch etwas ruhiger.

Wenn die Zuchtzeit abgeschlossen ist und die ersten Jung- und Alttiere bereits aussortiert wurden, ist es jetzt die Hauptaufgabe des Züchters, seine Tiere ständig zu beobachten, um den Zuchtstamm für das neue Jahr herauszukristallisieren. Dabei werden ständig überzählige Tiere mit Fehlern aussortiert, um den Bestand zu reduzieren. Die Alttiere, die wieder zum Einsatz kommen, stehen meistens fest. Jetzt gilt es, seine Mannschaft durch Jungtiere zu verstärken. Dies ist für mich die spannendste Zeit, wenn man seine Hoffnungsträger heranwachsen sieht und sich an ihnen freut. Jetzt werden die Weichen für das nächste Jahr gestellt. In zweiter Linie suche ich dann meine Ausstellungstiere heraus in der Hoffnung, auf der Hauptschau des KCD oder einer anderen King-Sonderschau punkten zu können.

Haltung und Pflege

Das wichtigste an einem Taubenschlag ist, dass sich die Tauben, aber auch wir uns darin wohlfühlen. Die örtlichen Gegebenheiten sind dabei ebenso zu beachten wie unser geplanter Kostenrahmen.

Die richtige Unterbringung

Die Stallgröße steht im engen Zusammenhang mit der Tierzahl, die wir zu halten gedenken. Im Zweifelsfall lieber etwas größer bauen als zu klein. Für die Bauausführungen von Taubenschlägen gibt es mannigfaltig Fachliteratur mit detaillierten Bauplänen, so zum Beispiel von Günter Stach (siehe Literaturverzeichnis), der aus seiner reichhaltigen Erfahrung berichtet. Wer einen Stall bauen möchte, kann sich dort detailliert informieren. Meine Betrachtungen hier beziehen sich auf Spezifika, die bei unseren King besonders zu beachten sind.

Es gibt verschiedene Schlagtypen, für die wir uns entscheiden können:

- Dachbodenschlag
- Gartenschlag
- Geschlossene Bauweise
- Offenfront-Stall
- Einzelbuchten

Eine Dachvoliere für King und kleinere Rassen beim Verfasser: Die Tiere im hinteren Abteil können nicht nach unten, während die in der vorderen Voliere sich oben und unten aufhalten können.

Dachbodenschlag

Ein Dachbodenschlag, wenn möglich mit Dachvoliere, bietet sich an, wenn wir Raum über einer Garage haben oder ein Scheunengebäude ausbauen können. Diese Art des Stalls hat den Vorteil, dass er immer trocken sein wird, da der Boden unterlüftet ist und oben eine bessere Luftzirkulation herrscht.

Ein Nachteil kann sein, dass man seine Tiere vom Garten aus nicht so gut beobachten kann. Auch das Hochschleppen des Futters und das Herunterbringen der Tauben kann ein Handicap sein. Außerdem ist zu beachten, dass unsere

King keine Hochflieger sind und deshalb keine allzu großen Höhenunterschiede überwinden können.
Wenn ich Tiere aus einem Dachbodenschlag in eine ebenerdige Voliere lassen möchte, kann ich mir mit Treppen, Leitern oder in verschiedener Höhe angebrachten Flugbrettern behelfen. Die Tauben lernen recht schnell, wo der einfachste Weg

Zwei Beispiele für Schlaganlagen in verschiedenen Ausführungen, die allen ergonomischen Gesichtspunkten entsprechen, bei Hans Berger.

nach oben führt. Der Stall sollte auch gut begehbar sein. Wenn man Nistzellen unter die Dachschräge baut, sollte man daran denken, dass man auch älter wird und irgendwann nicht mehr unter dem Dach herumkrabbeln kann oder möchte.

Dies ist ein typischer Offenfrontstall bei Bill Harrison, Kalifornien, USA, der gerade von Wilfried Brinkmann besichtigt wird.

Gartenschlag

Der Gartenschlag ist für unsere King die beliebteste Bauweise. Wer neu anfängt, wird sich meistens für ihn entscheiden. Er ist leicht zu erreichen und vom Garten aus immer gut einzusehen. Die ebenerdige Bauweise entspricht dem Naturell unserer King am ehesten. Wichtig ist, dass der Boden gegen aufsteigende Feuchtigkeit isoliert ist, oder der Schlag auf Pfosten gebaut wird, sodass der Boden unterlüftet ist. Die Ausrichtung der Fenster und des Ausflugs ist idealerweise nach Osten. Die aufgehende Morgensonne brennt noch nicht so stark, dass sich der Stall übermäßig erwärmt, und der Regen kommt hauptsächlich von Westen und kann so nicht durch die Stallöffnungen peitschen. Diese Ausrichtung sollte man unbedingt bei einem Offenfrontstall beachten. Bei der geschlossenen Bauweise kann man sich überlegen, ob man den Stall isoliert. Dies hat sich bei frühen Bruten in kalten Nächten bewährt. Es ist doch etwas wärmer im Stall und wenn die Eltern zum zweiten Gelege treiben und nicht mehr so gut hudern, kann es vor manchem Verlust von Jungtieren bewahren.

Offenfrontschlag bei Dieter Klenk, Wertheim

Eine gute Lüftung ist bei dieser Bauweise erforderlich, während es beim Offenfrontstall kein Thema ist. Hier ist der Stall von drei Seiten zu und die gesamte Vorderfront ist offen bzw. nur mit Draht verkleidet. Diese Haltung reduziert die Staubbelastung für Züchter und Tauben.

Offenfrontstall bei Kurt Vogel nach amerikanischem Muster

Ein Taubenschlag, der in massiver Bauweise errichtet wird, hält Schadnager sicherer ab. Er stellt aber an die Lüftung recht hohe Anforderungen, um ein trockenes Raumklima sicherzustellen. Der Betonboden sollte gegen Feuchtigkeit isoliert und mit Holzplatten ausgelegt werden. Zwischen der Feuchtigkeitsisolierung und dem Holzbelag kann man eine 1 cm starke Wärmedämmung einlegen. Nur 1 cm deshalb, weil hier keine Mäuse dazwischen gelangen können.

Eine schön in den Garten eingebaute Zuchtanlage von Andreas Gehrmann, Schwanewede

Wenn man sich für Holzbauweise entscheidet, sollte man den Stall auf Holzpfosten stellen, sodass darunter die Luft zirkulieren kann. Dieser Stall wird in der Regel immer trocken sein, weil Holz je nach Witterung Feuchtigkeit aufnimmt oder abgibt. Bei der Auswahl des Materials sollte man darauf achten, dass es wenig Ritzen und Fugen gibt, wo Ungeziefer wie Läuse usw. ihren Unterschlupf finden können. Dazu eignen sich großflächige Platten eher als schmale Bretter.

Voliere

Die vorgebaute Voliere sollte einen Betonsockel in Frosttiefe haben, um Ratten und Mäuse weitgehend fernzuhalten. Ob man für das Gerüst Holz oder Metall verwendet, bleibt jedem selbst überlassen. Dies ist eine Frage des persönlichen Geschmacks und der Lebensdauer des Materials.

Ich hatte lange Zeit eine Voliere, deren Gerüst aus Holzpfosten bestand. Da man die mit Draht überspannten Teile nur bedingt streichen kann und auf den waagerecht angebrachten Elementen (noch gefördert durch die Drahtbespannung) das Regenwasser stehen bleibt, kommt es irgendwann zur Fäulnisbildung, wenn man keine Abdeckung angebracht hat. Bei mir waren nach 20 Jahren die Bälkchen derart verrottet, dass ich die Voliere neu bauen musste.
Die Frage war für mich, welches Material am besten infrage käme. Wenn ich wieder Holz verwende und dieses in 20 Jahren wieder verrottet ist, bin ich in einem Alter, in dem ich vielleicht nicht mehr in der Lage bin, etwas Neues zu bauen, möchte aber trotzdem noch Tauben züchten. Wenn ich Eisenpfosten verwende, habe ich auch den Ärger mit dem ständigen Streichen. Deshalb habe ich mich für die zwar

Eine schön gestaltete, überdachte Voliere aus Holz bei Hans Berger

Eine überdachte Voliere mit Sandbelag bei Andreas Gehrmann

teurere, doch wartungsfreie Variante entschieden und eloxierte Aluminiumrohre verwendet.

Für die Volierenbespannung eignet sich verzinkter oder mit Kunststoff überzogener Draht mit einer Maschenweite von 25 mm. Dadurch ist die Voliere vor Vögeln und Raubzeug geschützt und man kann noch halbwegs hindurchschauen, ohne dass es einem schwindelig dabei wird.

In schneereichen Gegenden muss man im Winter den Schnee abkehren oder abklopfen, um ein Durchhängen und Verziehen des Drahtdachs zu vermeiden. Wenn die Voliere steht, bringt man in maximal 1 Meter Höhe Laufbretter an, auf denen sich die Tauben gern sonnen oder im Regen baden.

Über die Gestaltung des Volierenbodens lässt sich trefflich streiten. Manche bevorzugen blanken Beton. Dieser kann leicht gereinigt und, wenn ein Ablauf vorhanden ist, mit einem Hochdruckreiniger gesäubert werden. Andere streuen Sand auf diesen Beton und halten ihn mit einem Rechen sauber. Wenn die Voliere nicht überdacht ist, empfiehlt sich der Sandbelag nicht, da er nass und mit der Zeit schmierig wird.

Auf Kunststoffrosten ist eine saubere Unterbringung mit einer möglichst geringen Keimbelastung möglich.

Ich favorisiere nicht überdachte Volieren, da hier die Tauben mehr der Witterung ausgesetzt sind und dadurch eine straffere Feder bekommen. Beim weißen Farbenschlag ist dies fast unverzichtbar für die Erreichung eines roten Augenrands. Ein gepflegter Rasenboden hat optisch etwas für sich, verkeimt aber mit der Zeit. Insbesondere unsere King, die sich häufig am Boden aufhalten, können sich hier mit Würmern, Kokzidien und anderen Erregern infizieren. Wenn man im Abstand von 20 bis 30 cm vom Boden Gitterroste anbringt, ist dieses Risiko nahezu ausgeschlossen.

Die Tauben kommen mit ihrem Kot nicht mehr in Berührung. Wenn der Regen in die Voliere eindringt, verrottet der Taubenkot, der durch das Gitter fällt, auf dem Erdboden, sodass ein Entmisten unter den Rosten nahezu unnötig ist. In meiner Voliere wächst das Gras durch die Roste, sodass ich ab und zu mit dem Rasenmäher über die Roste fahren muss. Dies sieht optisch ganz gut aus und meine Tauben picken gern die frisch gemähten Grasspitzen ab, was ihren Speiseplan bereichert.

So verlegt man Kunststoffroste in Volieren.

Eine Bepflanzung der Voliere mit Büschen oder Sträuchern bietet einen Sichtschutz, sodass die Zuchtpaare ungestörter treten können, und es sieht darüber hinaus noch schöner aus als eine allzu steril gestaltete Voliere.
Wer Tauben der Braunreihe züchtet, muss wissen, dass diese Farbe sehr lichtempfindlich ist und die Feder bei intensiver Sonneneinstrahlung gern ausbleicht, wo-

Das Gras kann durch die Kunststoffroste wachsen und die Tauben picken gern die Spitzen ab. Regelmäßiges Mähen ist hier erforderlich, damit der Kot noch durchfallen kann.

Geräumige und helle Zuchtboxen mit vorgebauter Voliere bei Hans Berger

Hier können sich die Tiere durch die Gitterstäbe berühren und sehen und regen sich dadurch gegenseitig an.

durch die Tiere fleckig erscheinen. Hier ist eine Beschattung angebracht, um die Sonne etwas abzuhalten – aber alles mit Maß und Ziel. Wir wollen unsere Tiere nicht unnatürlich halten, deshalb tolerieren wir auf den Ausstellungen auch etwas aufgehellte Federn.

Einzelbuchten

Bei unseren King wird teilweise auch die Haltung der einzelnen Paare in separaten Abteilen praktiziert. Hier hat man schnell Ruhe im Taubenschlag, weil keine Revierkämpfe stattfinden. Außerdem ist eine Fremdbefruchtung ausgeschlossen. Doch werden die Tiere gern träge, da ihnen das natürliche Revierverteidigungsverhalten fehlt.

Der Raum muss ausreichend groß sein, am besten mit vorgebauter Voliere. Empfohlen werden hier eine Stallgröße von mindestens 1 Quadratmeter und eine sonnenbeschienene Voliere in mindestens der gleichen Grundfläche. Die Volieren sollen so gestaltet sein, dass sich zumindest Tiere in unmittelbarer Nachbarschaft sehen und anregen können. Das angeborene Sozialverhalten der Tauben, das in der Gemeinschaftshaltung voll zum Tragen kommt, darf nicht vernachlässigt werden. Nur wer die spezifischen Bedürfnisse seiner Tiere beachtet, wird dauerhaft gesunde und vitale Nachkommen erhalten.

Einzelboxen mit kontrolliertem Freigang: Durch die Gitterstäbe haben die Tiere zusätzlich noch Körperkontakt und durch die Türchen in jeder Voliere können sie bei Bedarf auch noch gemeinsam ins Freie gelassen werden.

Ob man seine Tauben in Einzelbuchten halten möchte, ist Ansichtssache und bleibt dem persönlichen Geschmack überlassen. Wichtig hierbei ist, dass die Tauben ihre Jungen selbst aufziehen und nicht durch Ammenzucht im Laufe der Zeit verkümmern.

Die Nistzelle

Die Nistzelle ist während der Zuchtzeit das eigentliche Heim der Tauben. In ihr verbringen sie von März bis September die meiste Zeit. Sie sollte eine bestimmte Größe haben und zweckmäßig eingerichtet sein.

Als Faustregel gelten folgende Maße: 1 m breit, 70 cm tief und 70 cm hoch.

Die Anflughöhe sollte nicht höher als 80 cm betragen. Wenn es doch einmal höher werden sollte, sind Holzklötze oder zwei- bis dreistufige Haushaltstrittleitern – vor den Nistzellen aufgestellt – äußerst hilfreich. Die Tiere der oberen Zellen finden dann sehr schnell heraus, wie sie nach oben kommen.

Hier können sich die Tiere noch zusätzlich der Witterung aussetzen und im Regen baden.

Als praktisch hat sich die Möglichkeit

des Abteilens durch Gitterstäbe erwiesen. Wenn es beim Verpaaren zu Streitigkeiten kommt, können so die Partner für einige Zeit getrennt werden, um sich etwas näher kennenzulernen. Außerdem können die Jungtiere von den bereits wieder brütenden Eltern abgetrennt werden, sodass diese durch die Gitterstäbe füttern können.

Ich bevorzuge zum Schutz des nächsten Geleges eine andere Variante. In der Nistzelle bringe ich in etwa 30 cm Höhe ein Brett über die gesamte Breite an. Dieses Brett hat einen runden Ausschnitt, in dem die Nistschale eingelassen wird, sodass die Tiere „ebenerdig" in die Schale gleiten können. Dies rettet bei mir so manches Gelege, wenn die Tiere etwas ungeschickt sind. Wenn die Tauben auf das nächste Gelege treiben, setze ich die Schale mit den Jungen auf den Boden und bringe auf dem erhöhten Brett eine neue Nistschale an. So können die Tauben ungehindert brüten, da die Jungen den Höhenunterschied von 30 cm noch nicht überwinden können.

Die Zellenfront wird durch ein etwa 15 cm hohes Brett abgeschlossen, damit die Jungtiere nicht versehentlich aus dem Nest fallen können. Vor das Brett, auf dem die Tauben brüten, hänge ich einen Sichtschutz, um den Brutraum abzudunkeln. Dies kommt ihnen als Höhlenbrüter sehr entgegen und schützt zudem vor Eindringlingen. Den Rest der Zelle lasse ich offen.

Sollte sich doch mal ein Tier verfliegen und in die Zelle gelangen, findet der Revierkampf auf dem Boden der Zelle statt und das erhöht liegende Gelege bleibt unbeschädigt. Außerdem findet der Eindringling durch die große Zellenöffnung

So sieht die Nistzelle im Schlag des Verfassers aus.

wieder schneller hinaus. Manche vertreten auch die These, dass eine kleine Zellenöffnung besser zu verteidigen ist, was zweifellos stimmt, doch meistens kommt der Eindringling, wenn der Täuber die Zelle gerade nicht bewacht, und ist er erst einmal drin, findet er schlecht wieder hinaus, ohne vorher noch größeren Schaden anzurichten.

Wer etwas Zusätzliches tun will, kann noch Vorrichtungen für eine etwaige Zellenfütterung anbringen. Diese hilft den Jungtieren in der Phase, wenn die Eltern auf das neue Gelege treiben und dadurch die Fütterung des Nachwuchses etwas vernachlässigen. Positiv wirkt sich diese zusätzliche Zellenfütterung auch beim Absetzen der Jungen aus, da sie bereits fressen gelernt haben. Ich praktiziere dies aber nur im Ausnahmefall; es geht in der Regel auch ohne diese Maßnahme.

Der Jungtierstall

Der Jungtierstall dient dem Aufenthalt der Jungtiere, sodass sie ungestört durch die „Alten" heranwachsen können. Er sollte eine ausreichende Größe haben, damit sich die Tiere nicht zu nah „auf die Pelle rücken" und genügend Rückzugsmöglichkeiten haben. Durch diese gesonderte Haltung der Jungtiere ist auch eine spezielle Fütterung, angepasst an deren Bedürfnisse, möglich.

Im Zuchtschlag verzichten viele Züchter auf zusätzliche Sitzgelegenheiten, da sie die nachts nicht brütenden Täuber an die Zelle binden möchten. Dies fördert das

Ein Offenfront-Jungtierstall mit mehreren Abteilen

Ein zweistöckiges Sitzregal bietet die Gewähr, dass alle Sitzplätze erreicht werden können.

Hudern und Wärmen der Jungtiere. Im Jungtierstall ist es wichtig, dass jedes Tier eine Sitzgelegenheit hat. Bei der Größe unserer King und der daraus resultierenden Individualdistanz wird bei der Verwendung von Einzelsitzbrettchen sehr viel Platz nötig. Deshalb trifft man bei Kingzüchtern häufig Sitzregale an.
Die Sitzfachgröße sollte 25 cm Breite, 30 cm Tiefe und 35 cm Höhe betragen. Hier kann sich der King in seiner ihm eigenen Haltung präsentieren. Wir achten auch noch darauf, dass das den Kot auffangende, hinter dem Sitz schräg nach unten gestellte Brett nicht zu steil steht, damit die darunter sitzende Taube ihren Schwanz problemlos anziehen kann. Bei der Flugfähigkeit unserer Tauben empfiehlt es sich, nur vier Fächer übereinander anzuordnen. Wer höher baut, wird bald merken, dass die oberen Sitzfächer in der Regel leer bleiben.

Beim Umquartieren der Jungen von der Nistzelle in den Jungtierschlag fühlen sie sich dort besonders wohl, wenn sie in einer Ecke eine ausgebreitete Stroheinlage vorfinden. Diese erinnert sie noch an die Nistzelle und verleiht ihnen eine gewisse Geborgenheit. Beim Absetzen der späteren Bruten wird dies immer schwieriger und die Kleinen werden von den älteren, schon länger abgesetzten Jungen belästigt. Hier hilft das vorübergehende Absetzen in einen Babyschlag, wo die Kleinen ihre Selbstständigkeit erlernen, um sich nachher im Jungtierstall besser behaupten zu können. Ideale Bedingungen hat der Züchter, welcher für jede Brut einen gesonderten Jungtierstall hat – wer aber hat schon vier Jungtierställe?

Das Schlagklima

Unsere Tauben benötigen wie alle Vögel viel Sauerstoff für ihr Wohlbefinden. Stickige Luft schadet den Tieren, aber auch dem Züchter. Wenn ausreichend Licht, durch möglichst viel Sonne, und sauerstoffreiche, staubfreie Luft zur Verfügung steht, gedeihen unsere Tiere prächtig. Ist das Gegenteil der Fall, kränkeln sie recht schnell und werden uns in der Zucht und auf Ausstellungen nicht zufriedenstellen. Ideale Bedingungen herrschen, wenn drinnen und draußen ein ähnliches Klima herrscht. Dies erreicht man am besten mit Offenfrontställen. Die Tauben benötigen einen Unterschlupf, der sie vor Nässe und Zugluft schützt, alle anderen Witterungsbedingungen verkraften sie gut, wenn es nicht zu extrem wird, was in unseren Breitengraden nicht der Fall sein dürfte.
Bei geschlossener Bauweise sollte man vor dem Schlagbau einen Gedanken an eine ausgeklügelte Lüftung verschwenden. Durch Öffnen oder Aushängen von Fenstern kommt mehr Licht und Luft in den Schlag. Dies hilft aber nicht dabei, die verbrauchte Luft im hinteren Bereich zu beseitigen. Hierzu müssen diagonal ausgerichtete Öffnungen angebracht werden, damit eine Luftzirkulation entsteht, ohne dass die Tauben starker Zugluft ausgesetzt sind. Oft sieht man auch Lüftungskamine, wie sie bei Großviehställen üblich sind. In einschlägiger Literatur über Schlagbau (siehe Literaturverzeichnis) werden konkrete Baupläne mit allen Details gezeigt.

Ein weiterer Faktor für die Verschlechterung des Raumklimas ist der Federstaub unserer Tauben. Dieser Federpuder schützt die Feder und sorgt dafür, dass sie geschmeidig bleibt. Besonders unsere blauen und fahlen Farbenschläge sowie die weißen King produzieren viel Federstaub und sondern diesen auch regelmäßig ab. Das sieht man an Wänden und Decken, die oft wie gepudert aussehen. Dieser feine Staub in der Luft ist die Ursache des trockenen Schnupfens bei unseren Tauben. Er belastet auch den Züchter, da er lungengängig ist und manchmal Allergien auslöst. Eine gute Lüftung nimmt diesen Staub weitgehend mit und reduziert so die Belastung auf ein Minimum.
Das Schlagklima ist dann einwandfrei, wenn in allen Ecken des Stalles dieselben Bedingungen herrschen. In manchen Schlägen, insbesondere in Ausbauten (zum Beispiel Scheunen, Viehställe, Garagen), wo die räumlichen

Hier sieht man einen Luftschacht für eine Absauganlage, der durch seine Bauart Zugluft vermeiden soll.

Gegebenheiten nichts anderes zulassen, kann oft auf natürliche Weise kein optimales Klima geschaffen werden. In solchen Schlägen helfen elektrische Lüftungen, die auch ansonsten nicht erreichbare Ecken und Winkel absaugen.
Ein Hauptfaktor für die Belastung der Schlagluft ist die Besatzdichte. Wenn wir die Überbesetzung der Schläge vermeiden, wird automatisch die Luft reiner und weniger verbraucht und die Anforderungen an unser Lüftungssystem sinken.

Die Pflege

Das Beste, was wir unseren Tauben tun können, ist eine naturnahe, artgerechte Haltung. Dazu gehört, wie oben beschrieben, ein geräumiger, zweckmäßig eingerichteter Taubenschlag mit einer vorgebauten Voliere, die nie zu groß sein kann. Viel Luft, Licht und Sonne tut unseren Tauben gut, wobei ich bei Sonne Abstriche machen möchte. Wer Farbenschläge der Braunreihe oder mit zarten Pastelltönen züchten möchte, sollte für ausreichend Beschattung sorgen, da die Federn bei direkter Sonnenbestrahlung sehr schnell ausbleichen und die Tauben dadurch fleckig erscheinen.
Doch auch im Schatten, wenn sie nicht direkt hinter Glas sitzen, können die Tauben das lebensnotwendige UV-Licht aufnehmen. Dies wirkt sich positiv auf die

So fühlen sich die Kingtauben wohl!

Entwicklung des Knochenbaus und des Gefieders aus, da manche Vitamine nur in Verbindung mit UV-Licht in ausreichender Menge im Körper der Taube gebildet werden können. Wenn sich die Tauben Wind und Wetter aussetzen können, wird nach meinen Erfahrungen das Gefieder wesentlich glatter und anliegender und das ist eine Grundvoraussetzung für die straffe Feder, wie sie auf den Ausstellungen gewünscht wird. Wenn wir die Tauben dann noch ein- bis zweimal in der Woche baden lassen, unterstützen wir diesen Effekt zusätzlich.

Die ständige Überwachung des Gesundheitszustands der Tauben, durch Beobachtung und Kotkontrollen, ist ein absolutes Muss für jeden Taubenzüchter. Wenn bei der Fütterung ein Tier nicht sofort zum Trog kommt, um zu fressen, sollte man es gleich in die Hand nehmen und einer näheren Musterung unterziehen. Zunächst schaut man, insbesondere in den heißen Sommermonaten, ob die Taube ungezieferfrei ist. Dies ist eine Grundvoraussetzung für das Wohlbefinden der Tiere.

Bei positivem Befund sind natürlich auch die anderen Schlagbewohner zu kontrollieren und gegebenenfalls Gegenmaßnahmen einzuleiten. Ist zunächst nichts festzustellen, wird das Tier wieder zurückgesetzt und in der nächsten Zeit genauer beobachtet. Falls es krank werden sollte, ist es umso besser, je früher man eingreifen kann. Ist das Tier erst einmal abgemagert und stark geschwächt, ist der Heilungsprozess oft fraglich.

Über das weite Feld der Taubenkrankheiten soll hier nicht geschrieben werden. Hierüber gibt es Bücher von namhaften Veterinären (siehe Literaturverzeichnis), die einen ausführlich informieren. Ich beziehe mich in diesem Buch nur auf selbst gemachte Erfahrungen mit verschiedenen Fütterungsergänzungen. Dadurch stelle ich eine möglichst vollwertige Ernährung sicher, welche dem Taubenkörper hilft, sich selbst zu wehren, was in meinen Augen die beste Vorbeugung darstellt.

Die richtige Fütterung

Ein weiterer wichtiger Eckpfeiler für eine erfolgreiche Taubenzucht ist das Taubenfutter und die Fütterungspraxis. Über die Taubenfütterung gibt es die unterschiedlichsten Meinungen. Ich selbst habe meine eigenen Methoden, auf die ich im Folgenden eingehen möchte. Das soll aber nicht heißen, dass es sich um die einzig richtige Vorgehensweise handelt.
Ich habe schon Züchter erlebt, die genau das getan haben, was ich eigentlich ablehne – und siehe da, es hat trotzdem geklappt. Deshalb gilt auch bei der Fütterung der Grundsatz: „Jeder, der Erfolg damit hat, hat es für sich richtig gemacht.“

Volierentauben sind in ihrer Nahrungsauswahl, anders als Freiflugtauben, eingeschränkt und auf das angewiesen, was wir ihnen anbieten. Tauben sind in der freien Natur nicht nur Körnerfresser. Sie nehmen auch pflanzliche Nahrung in Form von Kräutern, Gras- und Blattspitzen sowie Beeren und andere Früchte zu sich. Auch eine geringe Menge an tierischer Nahrung wie Würmchen, Käfer und Schnecken bereichert ihren Speiseplan.

Das Grundfutter

Als Grundfutter und Hauptbestandteil verwende ich eine nicht allzu schwere, vielseitige Körnermischung. Dabei halte ich mich an den Grundsatz, dass nicht mehr als 20 % Hülsenfrüchte enthalten sein sollten. Hülsenfrüchte wie zum Beispiel Bohnen, Wicken und Erbsen sind wichtige Eiweißträger, die der Tierkörper benötigt, aber ein Zuviel davon kann genauso schädlich sein wie ein Mangel. Die richtige Mischung macht's!
Zu den weiteren Hauptnährstoffen zählen Kohlenhydrate und Fette. Die Fütterung dieser beiden Komponenten sollte bei unseren King trotz ihrer Größe nicht übertrieben werden. Brieftauben, die Hochleistungen bringen müssen, haben hier einen erheblich höheren Bedarf. Wichtige Lieferanten mit hohen Anteilen dafür sind Mais, Sonnenblumen und ölhaltige Sämereien. Aber auch andere Getreidearten wie Weizen, Gerste, Milo, Dari und Hafer liefern Kohlenhydrate und pflanzliche Fette. Sie bilden den Hauptbestandteil meiner Futtermischung. Den Maisanteil halte ich je nach Witterung und Anforderung an den Taubenkörper im einstelligen bzw. höchstens niedrigen zweistelligen Bereich.

Dies ist ein vorbildlicher Futtertrog, der ein Verschmutzen bzw. Verstreuen der Körner auf dem Schlagboden verhindert.

Um Körner verdauen zu können, benötigen die Tauben noch kleine „Magensteinchen". Dies sind Steine, die durch die Magensäfte nicht aufgelöst werden und eine „Mühlsteinwirkung" im Muskelmagen entwickeln.

Nun ist der Grundstein für die Ernährung gelegt. Die Versorgung mit den Hauptnährstoffen Kohlendrate, Fette und pflanzliches Eiweiß wäre erst mal gesichert. Diese Mischung wird während der Zuchtzeit bzw. Entwicklung der Jungtauben eiweißreicher zusammengestellt und zwei- bis dreimal täglich gereicht, aber immer nur so viel, dass in 10 Minuten der Trog leer ist. Im Winter während der Ruhezeit wird nur einmal gefüttert, und zwar an kalten Tagen etwas mehr, aber grundsätzlich nicht zu viel, da die Tiere auch etwas entschlacken und Fett verlieren sollen.

Die Zusammensetzung des Futters variiert je nach Jahreszeit und Anforderung. In der Aufzucht muss das Futter gehaltvoll sein und insbesondere ausreichend Eiweißbausteine und Kohlenhydrate enthalten. Während der Mauser muss „in die Feder gefüttert" werden. Dann benötigen die Tiere verstärkt essenzielle Aminosäuren, Mineralien und – je nach Farbe – essenzielle Fettsäuren. In der Winterruhe mische ich die Hälfte der normalen Mischung mit Gerste und Reis auf, sodass die Tiere nur ein Erhaltungsfutter, wie in der Natur übrigens auch, bekommen.

So versetze ich zusammen mit der kalten Witterung und den kürzeren Tagen auch durch das Futter meine Tauben in die Winterpause. Im Frühjahr, rechtzeitig vor Zuchtbeginn, verbessere ich diese Mischung wieder sukzessive und erhöhe insbesondere den Eiweißanteil.

Keimfutter

Wenn man dann das Körnerfutter zusätzlich noch angekeimt reicht, hat dies wichtige Aspekte: Warum ist angekeimtes Futter so wertvoll? Es ist ein riesiger Unterschied zwischen dem ruhenden Korn und den wachstumsaktiven Keimlingen. Um wachsen zu können, bildet der Keimling viele Vitamine und Vitalstoffe neu. Interessant ist auch: Im Korn sind zwar Mineralstoffe und Spurenelemente vorhanden, aber sie sind so fest an Speichersubstanzen gebunden, dass sie den Darmtrakt teilweise unverdaut verlassen. Die Eiweißqualität wird beim Keimen wesentlich verbessert.

Zutaten und Utensilien zur Herstellung von Keimfutter

Das Weizenkorn enthält beispielsweise 13 % Speichereiweißstoffe, die es später zu Wachstums-Eiweißstoffen umbildet. Dabei entstehen essenzielle Aminosäuren, die für den Tierkörper so wichtig sind. Die Kombination von sekundären Pflanzenstoffen, Vitamin E, Zink und Folsäure unterstützt die Zellregeneration. Vitamine und wertvolle Spurenelemente sind so aufgeschlossen, dass sie der Körper optimal verwerten kann, haben also eine optimale Bioverfügbarkeit. Die Vitamine C und E bieten Schutz vor freien Radikalen und hochwertige Eiweiße, Malzzucker und Mineralstoffe sowie wichtige B-Vitamine und Spurenelemente unterstützen Vitalität und Kondition. Außerdem ist Keimfutter ein wichtiger Eisenlieferant.

Wie stellen wir Keimfutter her? Die Keimung gelingt am besten bei mäßig warmer Temperatur und nicht nässender Feuchte. Solche Bedingungen herrschen im Frühjahr, wenn die Felder dampfen und das Wachstum der jungen Pflanzen geradezu explodiert. Hierzu weiche ich eine Körnermischung etwa sechs bis acht Stunden in Wasser ein. Wer noch etwas Zusätzliches tun will, setzt diesem Wasser ein wenig Obstessig zu, dies verhindert Schimmelbildung. Danach spüle ich die gequollenen Körner in einem Sieb gut ab. Nach dem Abtropfen schütte ich sie in ein flaches Gefäß, welches ich mit einem Tuch abdecke. Bereits nach zwei bis drei Tagen bilden sich die ersten Keime und schon ist die Energiebombe zum Füttern bereit.

Die Keime müssen nicht lang sein, es reicht aus, wenn das Korn aufgebrochen und der Keim sichtbar entwickelt ist. Ich verwende hierfür häufig meine normale Futtermischung, um so mein Futter auf Qualität zu testen. Wenn es nicht keimt – Finger weg! Es handelt sich dann wahrscheinlich um überlagerte oder begaste Körner, die nicht mehr ausreichend Nährstoffe enthalten und nur noch zum reinen Magenfüllen dienen. Die Tauben überleben damit zwar, aber an reichlich Nachzucht darf man bei dieser Versorgung nicht denken.

Nach zwei bis drei Tagen zeigen sich die Keime in der richtigen Länge.

Nun kommen wir zu den mengenmäßig geringeren, aber genauso wichtigen Nährstoffen. Hier würde man sich wünschen, dass mehr wissenschaftliche Erkenntnisse über deren Einsatz vorliegen, weil diese Nährstoffe nicht ausreichend über die Körnermischung abgedeckt werden können und jeder Züchter aufgrund von Erfahrungen eigene Rezepturen anwendet. Es gibt zwar Hersteller, die bereits fertige Produkte hierfür anbieten, aber ich konnte mich noch nicht entschließen, von meiner bisher bewährten Methode abzuweichen.

Die folgenden Nährstoffe müssen nicht in großen Mengen verabreicht werden, wirken aber am besten, wenn sie im richtigen Verhältnis „zusammenarbeiten". Dazu zählen: essenzielle Aminosäuren, essenzielle Fettsäuren, Vitamine, Mineralstoffe sowie Spurenelemente und nicht zuletzt Wasser. Diese Nährstoffe versuche ich zusätzlich zum Keimfutter über nachfolgend beschriebene Futterergänzungen anzubieten.

Futterzusatz

Um das Defizit an tierischem Eiweiß auszugleichen, setze ich meiner Körnermischung während der Aufzucht und Mauser noch höchstens 6 bis 8 % Geflügel- oder Taubenpressfutter, welches tierisches Eiweiß in Form von Milchpulver oder Fischmehl enthält, zu. Wer die Zeit dafür hat, kann die Presslinge auch jeweils vor der Fütterung verabreichen. Wenn die Tauben Hunger haben und zum Trog kommen, kann man auf diese Art sicher sein, dass alle Tiere gleichmäßig davon fressen, während beim Untermischen in das Körnerfutter schon eine selektive Auswahl möglich ist und manche nur ihre Lieblingskörner aufnehmen.
In Phasen erhöhten Bedarfs an Aminosäuren, wie zum Beispiel Mauser, Aufzucht oder Wachstum der Jungtiere, gebe ich zeitweise noch zusätzlich geringe Mengen an Milchpulver und Bierhefe zu.

Für die Mineralstoffversorgung reicht man grundsätzlich eine vielseitige Gritmischung und Taubenstein. Manche Taubensteine enthalten sehr viel Kochsalz. Das mögen die Tauben und nehmen deshalb gern zu viel davon auf. Sie benötigen zwar auch Kochsalz, aber nicht in den Mengen. Dies hilft eigentlich nur dem Hersteller, da er mehr davon verkaufen kann, weil die Tiere mehr fressen, als sie benötigen, aber den Tieren schadet die übertriebene Kochsalzmenge nur. Hier empfiehlt es sich, die Menge zu rationieren oder auf ein anderes Produkt auszuweichen.
Zusätzlich zu dieser Grundversorgung reiche ich noch zwei verschiedene Futterkalksorten, um ganz sicher zu gehen, dass ich insbesondere in der Aufzucht eine Vollabdeckung erreiche.

Wenn man seinen Tauben etwas Gutes tun will, reicht man ihnen, was die Natur uns bietet. Kräuter, wie zum Beispiel Schnittlauch, Löwenzahn, Brennnessel, Spitzwegerich, Salbei und Ringelblumen, bereichern in fein geschnittener Form den Speiseplan und enthalten wertvolle Vitalstoffe und Vitamine. Auch Vogelmiere, Salat oder klein gewürfeltes Gemüse, wie Karotten, Rote Bete und Sellerie, sogar gewürfelte Radieschen oder Vogelbeeren werden gern aufgenommen, wenn die Tiere es gewöhnt sind. Für den Anfang kann man ihnen diese Zusätze mit etwas Kochsalz schmackhaft machen. Sind sie es erst mal gewohnt, fressen sie es auch ohne zusätzliche Appetitanreger sehr gern.

Zutaten für die Gemüsepaste

So sieht die fertige Gemüsepaste aus.

Eine andere Art der Verabreichung von pflanzlichen Vitalstoffen ist die Herstellung von Mixturen. Hier schwört jeder Züchter auf sein eigenes Rezept und derer gibt es viele. Ich selbst verwende auch eine Mixtur, mit der ich bisher sehr gute Erfahrungen gemacht habe.
Ich mixe mit einem Küchenmixer folgende Zutaten zu einem feinen Brei, den ich ab und zu, während der Mauser mindestens zweimal wöchentlich, unter das Körnerfutter mische: Karotten, Rote Bete, rote Zwiebeln, Knoblauch, Sellerie, Zironensaft, Petersilie, Oregano und Bienenhonig. Wenn mir die Natur noch zusätzliche Kräuter, wie oben beschrieben, anbietet, werden diese ebenfalls mit untergemischt. Mit Obstessig wird das Ganze haltbar gemacht, sodass es im geschlossenen Gefäß im Kühlschrank längere Zeit aufbewahrt werden kann.

Diesen Brei benutze ich neben verschiedenen pflanzlichen Ölen, um das Körnerfutter zeitweise damit anzufeuchten. Auf dieses Futter streue ich wahlweise pulverförmige Zusatzstoffe wie Bierhefe, Futterkalk oder Milchpulver. Das Pulver haftet an den feuchten Körnern und bindet damit die Feuchtigkeit. Dadurch haben die Tauben keine Chance zu selektieren und nehmen nahezu alle Nährstoffe mit auf. Ein spatentief ausgestochenes Grasstück, mit den Wurzeln und der lockeren Erde nach oben gelegt, wird von den Tauben sehr gern aufgesucht. Der frische Humus an den Wurzeln enthält wertvolle Stoffe und vielerlei Kleinlebewesen, welche die Tauben gern aufnehmen und somit wohl auch benötigen und unter anderem die Darmflora positiv beeinflussen. Auch frisch aus tieferen Schichten geschobene Erde eines Maulwurfshügels hat ähnliche Anziehungskraft und erfüllt dieselbe Wirkung.

Wenn wir diesen Aufwand betreiben, dürften wir sicher sein, dass unsere Tiere all das bekommen, was sie für ein gesundes und glückliches Taubenleben benötigen.

Es sollte immer frisches Wasser in seiner sauberen Tränke angeboten werden.

Wer dem Ganzen noch nicht traut, kann dann noch auf Multivitaminpräparate zurückgreifen. Vitamine sind wichtige Katalysatoren für die Prozesse in den Zellen. Sie werden zwar nur in geringen Mengen benötigt, aber ein Mangel – und sei es auch nur an einem Vitamin oder Spurenelement – könnte sich trotzdem äußerst negativ auswirken.

Ich persönlich beschränke den Einsatz von zusätzlichen Vitaminen auf die Zuchtvorbereitung und die ersten Bruten im zeitigen Frühjahr, da hier die Vegetation noch nicht so üppig viel bietet und die meist noch geringe Sonneneinstrahlung ihr Übriges zu einem Defizit beiträgt, und auf die Hauptmauser, da hier der Taubenkörper immens gefordert ist.

Das Trinkwasser

Zu guter Letzt will ich noch ein paar Worte zum Trinkwasser unserer Tauben verlieren. Wasser ist ein wichtiges Lebenselixier. Ohne Nahrung können Tiere viele Tage oder gar Wochen überleben – ohne Wasser hingegen nur wenige Tage. Wir verwenden für unsere Tauben in der Regel Leitungswasser oder, wer es hat, frisch geschöpftes Quellwasser. Regenwasser ist eher ungeeignet, da es zu weich und arm an Salzen und Mineralien ist.

Wichtig ist, dass das Wasser immer kühl und frisch bereitgestellt wird, um einer zusätzlichen Verkeimung vorzubeugen. Deshalb sollte die Tränke an einem schattigen und staubfreien Platz stehen. Es gibt auch mancherlei Trinkwasserzusätze, die helfen sollen, das Wasser keimfrei zu halten, und die wohl alle irgendwo ihre Berechtigung haben. Ich verwende seit Längerem Obstessig oder ein Säuregemisch, welches bewirkt, dass das Wasser in der Tränke einen günstigen pH-Wert hat. Dies hilft insbesondere an heißen Tagen, den Keimdruck in einem erträglichen Maß zu halten.

Unsere Gesundheitsknollen, Knoblauch und Zwiebel, sollen hier natürlich noch besonders erwähnt werden. Sie dürfen in keiner Taubenhaltung fehlen. Ihre vorbeugende Wirkung ist nachgewiesen. Gepresst oder klein geschnitten dem Trinkwasser zugesetzt reduzieren sie Mikroorganismen und dienen so der Prophylaxe, ganz getreu nach dem Motto: „Vorbeugen ist besser als heilen."

Die Verwendung von zwei Tränken pro Schlagabteil hilft uns auf ganz natürliche Weise bei der Vorbeugung. Wenn man täglich die Tränke wechselt und die jeweils andere, möglichst unter Sonneneinstrahlung, einen Tag austrocknet, werden die meisten Keime so geschädigt, dass sie unseren Tieren nichts mehr anhaben können.

Wer all dies beherzigt, wird sich an gesunden und vitalen Tauben erfreuen, die Garanten für den künftigen Erfolg sind.

Der Europastandard

Im Jahr 2011 wurde der EE-Standard für King verabschiedet. Er wurde in der europäischen Standardkommission abgestimmt, eng angelehnt an die Ziele des Mutterlandes der Kingtauben, den USA.

Da der bisherige Standard des BDRG, der seit dem Jahr 1961 nur in Einzelpassagen geringfügig angepasst wurde, schon auf der Musterbeschreibung des Mutterlands basierte, flossen viele Passagen davon in das europäische Standard-Werk ein. Das zuvor im Jahr 2010 vom KCD neu beschlossene Musterbild, spiegelt die Entwicklung der Qualität der Tiere wieder und zeigt die Feinheiten detaillierter auf.

Musterbeschreibung

Das seit 2010 gültige Musterbild.

Herkunft:

In den USA aus Römern, Maltesern, Brieftauben und Duchess herausgezüchtet. In den 90er-Jahren des 19. Jahrhunderts entstand Weiß; Silber (Braunfahl) wurde in den USA 1921 anerkannt, Rezessiv Gelb, Rezessiv Rot, Dunfarbig und Blau 1932 in den Standard aufgenommen; Schwarz folgte später.

Gesamteindruck:

Körper breit, kurz, verhältnismäßig tief, rund und insgesamt muskulös anfühlend. Kräftiger Hals und dazu proportional passender Kopf. Täuber sollen maskulinen und Täubinnen femininen Eindruck vermitteln. In der Hand schwer, zu wenig Körpermasse ist unerwünscht.

Rassemerkmale:

Kopf: Verhältnismäßig groß und breit zur Gesamtgröße passend, aus gut ansteigender Stirn gerundet mit dem höchsten Punkt über den Augen, Nacken ausgeformt.

Augen: Ausdrucksvoll, dunkel bei Weißen, heller bei Braunfarbigen, bei den anderen Farben orangefarbig; Augenrand möglichst schmal und umlaufend sichtbar, bei Weißen lebhaft rot, fleischfarbig bis rot bei Rezessiv Roten, Rezessiv Gelben, Braunfarbigen, sonst je nach Gefiederfarbe dunkel bis grau. Roter Augenrand ist bei keinem Farbenschlag ein Mangel.

Schnabel: Substanzvoll mit breitem Ansatz, stumpf, knapp mittellang, annähernd waagerecht getragen, fleischfarbig bei Weißen, hornfarbig bei Dun, Braunfarbigen, Dominant Rotvarianten, hellhornfarbig bei Rezessiv Rot, Rezessiv Gelb und Dominant Gelbvarianten, schwarz bei Schwarz, Blau, Indigo und Andalusierfarbig, bei Schecken und Tigern je nach Gefiederfarbe, bei Vielfarbigen ohne Bedeutung; Warzen klein und glatt.

Hals: Unter Beachtung der Geschlechtsabhängigkeit verhältnismäßig kräftig, voll aus den Schultern kommend und senkrecht getragen, möglichst eine gedachte Linie Nacken – Schulter – Ferse bildend, Schnabelspitze sollte hervortretende Brustlinie nicht erreichen.

Brust: Hervortretend, sehr breit, gut gefüllt und gerundet, sich gut vor den überdeckten Flügelbügen zeigend, durchgehende Unterlinie bei notwendiger Körpertiefe.

Rücken: Kurz und breit, tropfenförmig verjüngend.

Flügel: Kräftig, ziemlich kurz zum Rumpf passend, ein tiefes rundes Flügelschild bildend, am Körper gut anliegend, auf dem Schwanz ruhend, ohne zu kreuzen, den Rücken gut deckend.

Schwanz: Kurz, im Einklang zum kurzen Körper, möglichst schmal, leicht angehoben getragen mit anliegendem Keilgefieder.

Läufe: Kräftig, mittellang, breit angesetzt, gerade gestreckt, den Körper gut ausbalancierend; Läufe und Zehen unbefiedert, Zehen gut gespreizt und am Boden gut aufgesetzt, Krallen in der Farbe des Schnabels.

Gefieder: Sehr gut anliegend ohne jegliche Wirbel und Spalten.

Farbenschläge:

Einfarbige: Weiß, Schwarz, Dun, Rot, Gelb, Dominant Rot, Dominant Gelb, Braun, Khaki, Blau mit schwarzen Binden, Blau ohne Binden, Blau-Gehämmert, Blau-Dunkelgehämmert, Dunkel, Blaufahl mit dunklen Binden, Blaufahl ohne Binden, Blaufahl-Gehämmert, Blaufahl-Dunkelgehämmert, Rotfahl mit Binden, Rotfahl-Gehämmert, Rotfahl-Dunkelgehämmert, Gelbfahl mit Binden, Gelbfahl-Gehämmert, Gelbfahl-Dunkelgehämmert, Braunfahl mit Binden, Braunfahl-Gehämmert, Braunfahl-Dunkelgehämmert, Khakifahl mit Binden, Khakifahl-Gehämmert, Khakifahl-Dunkelgehämmert, Indigo mit Binden, Indigo ohne Binden, Indigo-Gehämmert, Indigo-Dunkelgehämmert, Andalusierfarbig, Vielfarbig, Kite, Golddun, Agate Rot, Agate Gelb, De Roy.
Tiger: Schwarz, Rot, Gelb, Blau mit schwarzen Binden.
Schecken: Schwarz, Rot, Gelb, Blau mit schwarzen Binden.
Schimmel: Blau mit schwarzen Binden, Blaufahl mit dunklen Binden.

Farbe und Zeichnung:

Alle Farben satt und rein. Schwarze, Rote und Gelbe weisen eine gleichmäßige satte Farbe auf. Dunfarbig ist der Verdünntfarbenschlag von Schwarz mit gleichmäßiger mehr oder weniger bräunlicher Gefiederfarbe. Dominant Rote sind ziegelrot mit hell auslaufenden Schwingen und Schwanz, Rotfahle haben gleichmäßige weinrote Hals-, Brust- und Flügeldeckenzeichnung, reine aschfarbene Flügeldecken, Schwingen- und Schwanzfarbe. Dominant Gelbe sind hellgelb mit hell auslaufenden Schwingen und Schwanz. Gelbfahle besitzen eine gleichmäßige hellgelbe Hals-, Brust- und Flügeldeckenzeichnung, reine hellaschfarbene Flügeldecken, Schwingen- und Schwanzfarbe. Die Braunen haben eine gleichmäßig braune Grundfarbe. Khaki ist der Verdünntfarbenschlag von Braun. Braunfahle besitzen braune Hals- und Flügeldeckenzeichnungsfarbe; Schwingen und Schwanz aschfarben mit brauner Schwanzbinde; Khakifahl ist der Verdünntfarbenschlag von Braunfahl, die Körperfarbe kann etwas dunkler sein. Blau in reinem Ton, mit glanzreichem Hals und schwarzer Flügeldeckenzeichnung sowie Schwanzbinde. Blaufahle haben aufgehelltes Blau als deren Verdünnung mit dunkler Flügeldeckenzeichnung und Schwanzbinde. Alle Binden lang und getrennt gezogen; Gehämmerte möglichst mit gleichmäßiger, scharfer Hämmerung; bei Dunkelgehämmerten soll das Flügelschild gleichmäßig dunkelgehämmert mit oder ohne saumartiger Zeichnung sein. Blau- und Blaufahlschimmel haben mehr oder weniger weiße Einlagerungen in jeder Feder (grizzlefarbig) mit dunklen Binden. Andalusierfarbige haben schwarzblaue Kopf- und Halsfarbe, Brust und Bauchgefieder sowie Schwanz, nur etwas helleres, dunkelblaues Flügelschild mit möglichst schwarzer Säumung sowie dunkel auslaufende Schwingen; sehr wenige und unauffällige Rosteinlagerungen gestattet; Indigo haben blaue Grundfarbe sowie ausgebleichte Schwanzbinde und

Schwingen; die Flügelbinden bzw. die Hämmerung sind schwarz mit rötlichem oder bräunlichem Anflug. Dunkelgehämmerte besitzen ein rötliches oder bräunliches Flügelschild. Vielfarbige weisen eine hellere oder dunklere mandelfarbige Körperfarbe auf mit aufgehellter Farbe in Schwingen und Schwanz mit Sprenkeln in allen bei den Tauben vorkommenden Farben am ganzen Körper sowie in Schwingen und Schwanz. Täubinnen sind schwächer gezeichnet als Täuber; die Zeichnung wird mit zunehmendem Alter dunkler. Die Farbe Kite ist schwarzdunkel mit mehr oder weniger Bronzeglanz im Hals- und Brustgefieder sowie Bronzeeinlagerungen in Schwingen und Schwanz. Bei Golddun ist die Farbe aufgehellt mit gelblichem Anflug auf der Brust, der sich bis in das Brustgefieder fortsetzt. Die Agate sind einfarbig bzw. mit mehr oder weniger Weiß durchsetzt ohne festgesetzte Zeichnung. Die Schwingen und Schwanzfedern werden farbig verlangt, die Federschäfte sind weißlich angelaufen. Bei De Roy ist die Gefiederfarbe goldgelb, mit zum Teil mahagonifarbenen Spritzern oder Flecken, gelegentlich mit mehr oder weniger Weiß durchsetzt. Schwingen und Schwanzfedern sind meist heller gefärbt. Tiger so gleichmäßig wie möglich gezeichnet. Schwingen und Schwanz farbig. Schecken mit regelmäßig verteilter farbiger Zeichnung; Schwingen und Schwanz gescheckt.

Grobe Fehler:
Starke Abweichungen vom Typ, zu schwache und untergewichtige Tiere; schiefer oder gespreizter Schwanz; starker Kniff zwischen Augen und Schnabel, spitzer Kopf; stark abgesetzter Nacken; andere als rote Augenränder bei Weißen; schlecht geformter, zu langer, absenkender Schnabel, Abweichung in der Schnabelfarbe; farbige Federn bei weißen, After- und Schenkelweiß bei farbigen Tieren; starke farbliche Abweichungen bzw. ungleichmäßige oder matte Farbe; bei Tigern, Schecken und Schimmeln sehr ungleichmäßige Zeichnung.

Bewertung:
Gesamteindruck – Körperform und -haltung (Breite, Kürze, Fülle, Schwanz- und Halshaltung, Rücken, Stellung) – Kopf- und Schnabelform und -haltung – Augenfarbe – Augenränder – Schnabelfarbe – Farbe und Zeichnung

Ringgröße:
10 mm

Kommentar zur Musterbeschreibung

Wie bei allen Richtlinien, die in der Regel in ihren Formulierungen immer etwas knapp und oft recht allgemein gehalten sind, bedarf es auch beim Standard der

Kingtauben einer zielgerichteten Auslegung, um zu wissen, worauf es im Detail ankommt. Die nun folgenden Zeilen richten sich sowohl an Züchter, damit sie wissen, worauf sie ihre Zucht ausrichten sollen, als auch an Preisrichter, um sie bei der Auslegung der Bewertungskriterien zu unterstützen.
Bei der Betrachtung einer Kingtaube muss man immer das Gesamtbild im Auge haben und darf sich nicht allzu sehr im Detail verlieren. Nicht der Typ mit extremen Einzel-Merkmalen gewinnt, sondern der, der alle rassespezifischen Merkmale harmonisch auf sich vereint.

Zur Herkunft

Ende des vorletzten Jahrhunderts, um 1890, wurde die Kingtaube in den USA aus verschiedenen Rassen herausgezüchtet. In Deutschland wird sie seit 1957 intensiv gezüchtet. Der die Rasse betreuende Sonderverein, der **King-Club Deutschland,** wurde 1960 gegründet. Von führenden Züchtern aus den USA wurde berichtet, dass die ersten in etwa unserer heutigen Zuchtrichtung entsprechenden King in den 1950er-Jahren auf Ausstellungen gezeigt wurden. Erst zu diesem Zeitpunkt kam es zu der angestrebten Festigung und Vereinheitlichung des King-Standards. Die zuvor gezeigten King hatten mit den jetzigen Anforderungen an die Rasse nicht viel gemein.

Es wurden zuerst nur Weiß und Silber anerkannt, später kamen die Farbenschläge Gelb, Rot, Dun, Blau mit schwarzen Binden, Blaugehämmert und Schwarz hinzu. 1972 nach Vorstellung im Anerkennungsverfahren des BDRG wurden als Neuzüchtungen der getigerte und gescheckte Farbenschlag in Schwarz und Blau anerkannt. 1979 folgten Schecken und Tiger in Rot und Gelb.
Die ursprünglichen Silber-King wurden 1981 in Braunfahl umbenannt, ohne dass sich an dem Farbspiel etwas geändert hat. 1987 erfolgte die Anerkennung der Blauschimmel. Durch die Wiedervereinigung und den Zusammenschluss von SZG und KCD wurden 1991 vom BDRG die Farbenschläge Blau ohne Binden und Rotfahl übernommen. Im gleichen Jahr erfolgte die Anerkennung der Andalusierfarbigen.
Seit Mai 1997 kamen zwei weitere hinzu: zum einen die Braunen, zum anderen der rotfahlgehämmerte Farbenschlag. Im Dezember 1997 wurden die Dominant Roten anerkannt. In einer gemeinsamen Aktion des King-Clubs erfolgte dann die Anerkennung von Blaudunkelgehämmert, Braunfahlgehämmert, Gelbfahl, Gelbfahlgehämmert, Dominant Gelb, Blaufahl, Blaufahlgehämmert, Indigo mit Binden, Indigogehämmert, Indigo-Dunkelgehämmert, Vielfarbig, Kite, Golddun, De Roy, Agate in Rot und Gelb.
Im Jahr 1991 kamen dann durch den EE-Standard folgende Farbenschläge hinzu: Blau-Dunkel, Blaufahl ohne Binden, Blaufahl-Dunkelgehämmert, Blaufahlschimmel, Indigo ohne Binden, Rotfahl-Dunkelgehämmert, Gelbfahl-Dunkelgehämmert,

Braunfahl-Dunkelgehämmert, Khaki, Khakifahl mit Binden, Khakifahlgehämmert, Khakifahl-Dunkelgehämmert
Damit sind zurzeit 51 Farbenschläge anerkannt.

Zum Gesamteindruck

GESAMTEINDRUCK

Hals kräftig, Kopf proportional dazu angepasst

Athletisch und kraftstrotzend, möglichst rund

Gefieder glatt und anliegend, Schwanz schmal und kurz

Ein guter King soll auf den ersten Blick den Eindruck einer athletischen und kraftstrotzenden Taube vermitteln, ohne die nötige Eleganz vermissen zu lassen. Der Körper muss kurz, breit und tief und allseits gerundet, ohne Ecken und Kanten, sein. Er ruht gut ausbalanciert auf einem stabilen Fundament, gebildet durch die stämmigen Beine, welche die Grundvoraussetzung für einen stabilen Stand sind. Kopf und Hals sind kräftig und passen proportional zum Körper.
Die Taube ist von einem stets glatten und gut anliegenden Gefieder eingehüllt, das trotz seiner Straffheit die Konturen und Rundungen betont. Wenn ein King dann seine Vorzüge noch in aller Ruhe präsentiert, ohne Scheu oder Aggression, ist das, wenn man auf Ausstellungen erfolgreich sein will, schon die halbe Miete.

Um in der Zucht dauerhaft erfolgreich zu sein, fordern wir auch eine klare Erkennbarkeit der Geschlechter. Mannweiber oder feminine Täuber haben auf der Ausstellung nichts verloren. Inwieweit sie für den Zuchtschlag zu gebrauchen sind, mag jeder selbst entscheiden. Meines Erachtens rächt sich ein dauerhaftes Abweichen

RICHTWERTE aus dem US-amerikanischen Standard
Bitte nicht vermessen! Sie gelten lediglich als Anhaltspunkte.

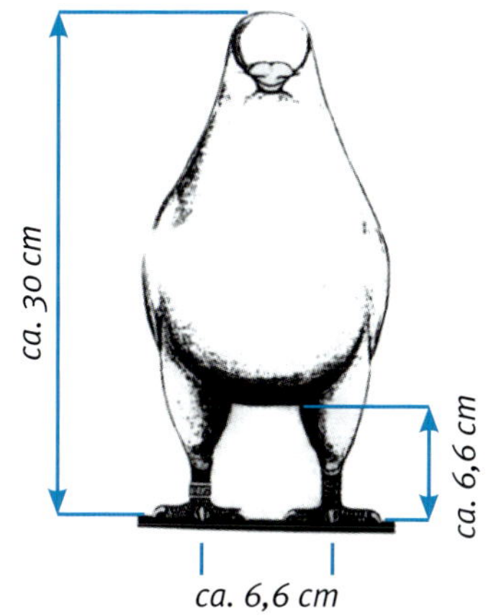

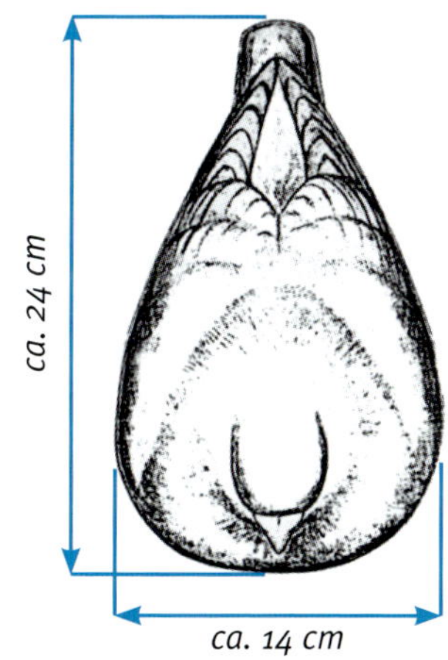

Gewicht (Masse):
ca. 850 – 1050 Gramm

von diesem Grundsatz irgendwann durch geringere Reproduktionsraten. Täuber sollen einen maskulinen und Täubinnen eine femininen Eindruck vermitteln.

In die Hand genommen wird der kraftstrotzende Eindruck noch durch die nötige Masse und Bemuskelung unterstrichen. Es sollen keine fett gefütterten Tiere sein,

sondern Athleten, die ihr Gewicht durch ausgeprägte Muskeln erreichen. Woher das Gewicht kommt, spürt man sofort. Wenn wir links und rechts des Brustbeins üppige Muskelstränge spüren, haben wir den richtigen King in der Hand. Fette Tauben lassen diese Muskeln vermissen und sind im hinteren Bereich in Richtung Legebein weich und schwammig. Hier spüren wir die Fetteinlagerungen, die das Tier wohl auch schwer machen, aber so eigentlich nicht gewollt sind. Wir wollen auch beim Gewicht keine Übertreibungen. Nicht der Schwerste ist der Beste, sondern der, der trotz seines Gewichts noch ausreichend Eleganz ausstrahlt.
Dies wird am ehesten erreicht, wenn wir uns an die vorgegebenen Gewichte und Maße halten. Ein King, der eine Gesamthöhe von etwa 30 cm erreicht und zwischen 850 und 1050 Gramm wiegt, dürfte die Ausgewogenheit von kraftvoller Ausstrahlung, Masse und Eleganz am besten verkörpern.
Wir wollen hier natürlich nicht mit dem Meterstab oder der Waage drangehen. Ich wehre mich auch gegen Toleranzgrenzen, die sagen, 10 % Abweichung wird noch toleriert, aber nicht mehr und nicht weniger. Der Gesamteindruck muss passen ohne jegliche Übertreibungen und da kommt es nicht auf den Zentimeter oder ein Gramm an.

Ein männlicher Täuber mit kräftigem Schnabel und starkem Kopf und Hals (Fritz Gruber)

Zu den Rassemerkmalen

Kopf

Der Kopf soll verhältnismäßig groß sein und unbedingt harmonisch zur Größe der Taube passen. Das Maß der Dinge ist hier die Gesamtgröße – an ihr orientiert sich die Größe des Kopfes. Ein zu großer Kopf auf einem kleinen Körper passt genauso wenig wie ein kleiner Kopf auf einer mächtigen Taube. Vor allem auch am Kopf soll das Geschlecht der Taube eindeutig erkennbar sein.

Unsere King sollen einen breiten, substanzvollen Kopf haben und dabei soll der Augenrand noch gut sichtbar sein. Dieses Ziel mutet zunächst an wie die Quadratur des Kreises. Hier ist bei der Umsetzung das nötige Fingerspitzengefühl gefordert. Wir wollen keinesfalls „Spitzköpfe“, aber die Tauben sollten in ihrer Sichtfreiheit nicht eingeschränkt sein. Breite Köpfe bedingen nicht automatisch tief liegende Augen, die nicht mehr herausschauen können. Dieses Problem wird vielmehr durch eine lange, oft lose Kopffeder hervorgerufen, die zwar für einen optisch großen Kopf verantwortlich ist, aber durch ihre lose Struktur die Augen ganz oder teilweise abdeckt. Wenn man auf eine ausreichende Kopfbreite vom Skelett her achtet, gepaart mit einer festen Feder, reduziert sich dieses Problem ganz schnell.

Die Stirn soll breit und steil ansteigend sein ohne Dach- oder Schirmbildung über den Augen. Die Kopfrundung verläuft weiter bis zum höchsten Punkt über dem Auge. Von dort aus geht die Bogenlinie in einem Zug weiter und mündet ohne ausgeprägte Nackenbildung im Hinterhals. Bei der Beurteilung des Hinterkopfes und der Ahndung eines überbauten Nackens ist Vorsicht geboten. Wenn die Tiere nervös sind und sich aufblasen oder den Schnabel nach unten ziehen, drücken sie gern einen Nacken heraus, der im Ruhezustand gar nicht mehr so schlimm aussieht. Wenn ein überbauter Nacken eindeutig da ist, muss er je nach Ausprägung mit Punktabzug bedacht werden.

Schnabel

Der Schnabel trägt mit seiner Form und Haltung wesentlich zur Ausdruckskraft des Taubengesichts bei. Er muss vor allem substanzvoll sein und nahezu waagerecht

KOPF UND SCHNABEL

Kopf:
verhältnismäßig groß und breit, zur Gesamtgröße passend; gut gerundet; gut ansteigende breite Stirn; höchster Punkt über dem Auge

Schnabel:
substanzvoll mit breitem Ansatz; stumpf, knapp mittellang, annähernde waagerecht getragen; Warzen klein und glatt; Farbe der Gefiederfarbe angepasst

getragen werden. Ein nach unten gedrückter Schnabel oft gepaart mit einem zurückgelegten Hals zeugt von mangelhaftem Präsentationsverhalten und wirkt zudem noch abwehrend. Diese Taube lässt die gewünschte Ruhe und Ausstrahlung vermissen, die bei einem frei getragenen Schnabel erst richtig zur Geltung kommt. Ein langer, dünner Schnabel passt ebenfalls nicht zu einem verhältnismäßig großen kräftigen Kingkopf und der kraftstrotzenden Ausstrahlung. In diesem Bereich ist besondere Sorgfalt bei der Zuchtauswahl geboten.
Die Natur ist bestrebt, wenn sie sich selbst überlassen wird, alles wieder in den Ursprungszustand zurück zu entwickeln – dies wäre die Schnabelform der Felsentaube. Um dies zu vermeiden, muss ständig gegengesteuert werden. Der Schnabel soll knapp mittellang und an der Spitze stumpf sein. Wichtig ist aber vor allem die Schnabelstärke – ausreichend Hornsubstanz sollte oberste Priorität haben. Dabei ist auf deckungsgleiche Hälften zu achten, das heißt, einen wulstigen, seitlich überstehenden Unterschnabel wollen wir nicht.
Hier gilt weiterhin folgende Festlegung für die Bewertung: Wenn der Unterschnabel vom Schnabelansatz her leicht übersteht, aber trotzdem noch gut anliegt, dass man also nicht hineinschauen kann, und dies nicht weiter als bis zum Ende der Warze reicht, wird es toleriert. Diese Tiere haben oft einen substanzvollen Schnabel, der für die Zucht eminent wichtig ist.

Die Schnabelfarbe ist fleischfarbig bei Weißen, hornfarbig bei Dunfarbigen, Braunfarbigen, Dominant Rotvarianten, hellhornfarbig bei Rezessiv Rot, Rezessiv Gelb und Dominant Gelbvarianten, schwarz bei Schwarz, Blau, Indigo und Andalusierfarbig, bei Schecken und Tiger je nach Gefiederfarbe, bei Vielfarbigen ohne Bedeutung. Bei den rezessiv roten Täubinnen wird zurzeit ein nicht zu stark angelaufener Schnabel toleriert. Bei den Täubern der brieftaubenroten Farbreihe kann bei Reinerbigkeit ein fleckiger Schnabel auftreten. Auch dies sollte, da genetisch bedingt, akzeptiert werden.

Augen und Augenrand

Die Augen sollen, wie bereits beim Kopf erwähnt, ausdrucksvoll und gut sichtbar sein. Wir wollen ein möglichst weit außen liegendes Auge, aber hervorstehende Froschaugen, gebildet durch einen zu üppigen Glaskörper, sind nach wie vor fehlerhaft. Der schmale, einreihige Augenrand ist fein im Gewebe und im Idealfall kreisrund und umlaufend sichtbar. Dies fällt insbesondere bei den Weißen mit ihrem roten Augenrand positiv auf. Bei den anderen Farbenschlägen ist der Rand der Gefiederfarbe angepasst.

Ein verhältnismäßig großer Kopf mit einem sichtbaren strahlenden Auge verleiht dem Taubengesicht die nötige Ausstrahlung – der Amerikaner redet auch vom

„pretty face“ und genau dieses freundliche Gesicht gepaart mit ruhigem Wesen mögen wir bei unseren King.
Die Augenfarbe ist dunkel bei Weißen, heller bei Braunfarbigen, bei den anderen Farben orangefarbig. Die Augenrandfarbe ist bei Weißen lebhaft rot, fleischfarbig bis rot bei Rezessiv Roten, Rezessiv Gelben und Braunfarbigen, sonst je nach Gefiederfarbe dunkel bis grau. Roter Augenrand ist bei keinem Farbenschlag zu strafen. Das früher bei den Braunschlägen geforderte perlfarbige Auge wird nicht mehr gefordert. In der Standardformulierung heißt es „heller als orangefarbig“. Unter dieser Formulierung kann man vieles verstehen, vom Perlauge bis zur rötlichen Iris mit perlfarbigem Ring um die Pupille. In der Praxis bedeutet dies, dass bei den Braunfarben alles zugelassen ist, was heller als orange ist, deshalb dürfte hier immer die richtige Augenfarbe vorhanden sein und daher ist sie von untergeordneter Bedeutung.
Bei allen anderen Farbenschlägen, außer bei den Weißen, wird ein orangefarbiges Auge gefordert; wenn es noch intensiver ist, wirkt es umso schöner, soll aber kein Gradmesser für höhere Bewertungen sein. Bei den Verdünntfarbenschlägen Rezessiv Gelb, Brieftaubengelb und der Blaufahlreihe hellen die Augen genetisch bedingt etwas auf. Dies sollte bei der Bewertung beachtet und nicht gestraft werden. Braune und grüne Augen sind grobe Fehler und werden bei der Bewertung entsprechend zurückgesetzt.

AUGEN UND AUGENRAND

Augen:
ausdrucksvoll und gut sichtbar; dunkel bei Weißen, orange bei anderen Farbenschlägen, heller bei Braunfarbigen

Augenrand:
schmal und gut sichtbar; rot bei Weißen, sonst der Gefiederfarbe angepasst. Roter Rand ist bei keinem Farbenschlag zu strafen.

Iriden bei Braunfarbigen nach EE-Standard

→ *Tendenz von*  *bis* 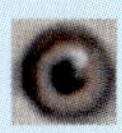

Zurückgelegter Hals mit aufgelegtem Schnabel

Hier ist die Nacken-Bein-Linie versetzt.

Hals

Auch bei der Beurteilung des Halses ist auf die Geschlechtsabhängigkeit zu achten. Er ist kegelförmig, verhältnismäßig kräftig und voll aus den Schultern kommend. Er soll nicht allzu lang sein, aber doch deutlich sichtbar in Erscheinung treten. Ein kurzer oder eingezogener Hals entspricht nicht unserem Typ. Die Kehle ist ausgerundet, nicht so elegant wie bei einem Tümmler, aber eine Wammenbildung wird als Fehler betrachtet.

Er wird senkrecht getragen, sodass eine gedachte Linie Nacken – Schulter – Ferse, die sogenannte Nacken-Bein-Linie, entsteht.

Dabei sollte die Schnabelspitze die hervortretende Brustlinie nicht erreichen. Ein zu stark nach vorne getragener Hals oder – was häufiger vorkommt – ein zurückgelegter Hals verfälschen den gewünschten Typ. Tiere, die den Hals zurücklegen, erscheinen oft kürzer, als sie es wirklich sind. Hier trennt sich die Spreu vom Weizen – ein vorbildlicher King trägt seinen Hals immer senkrecht und muss nicht mit viel Mühe in Positur gebracht werden.

Brust

Die Brust soll hervortretend, breit und gut gerundet sein. Die Flügelbüge sind gut eingebaut, wobei die Brust nach vorne und nach unten hervortritt.

Das Brustbein ist im kurzen Köper möglichst lang und tief. Es soll möglichst weit vorne anfangen und sich in einem tief nach unten reichenden Bo-

HALS UND HALTUNG

Hals:
voll aus den Schultern kommend, senkrecht getragen; Schnabelspitze soll hervortretende Brustlinie nicht erreichen.

Haltung:
waagerecht

Schwanz:
schmal, kurz und leicht angehoben; 12 Schwanzfedern

gen nach hinten erstrecken. Dadurch wird die durchgehende Unterlinie gebildet, die sich in einer Bogenlinie von der vorderen Brust bis zum Keilgefieder hochzieht ohne störende, abstehende Federn. Links und rechts des Brustbeinkamms spüren wir bei der Handbewertung die kräftigen Muskelstränge, die Garanten für ausreichend Masse (Gewicht) sind. Wenn dann noch ausreichend Körpertiefe von etwa 12 cm vorhanden ist, können wir vom richtigen Körpervolumen mit abgerundeten Linien sprechen.

Rücken

Der Rücken kann im kurzen und breiten Körper naturgemäß auch nur kurz und breit sein. Er soll sich in der Draufsicht tropfenförmig verjüngen und in einem kurzen, 1-Feder-breiten Schwanz aus-

Absetzende Unterlinie

Der Rücken soll kurz und breit sein, sich tropfenförmig verjüngen und in einem einfederbreiten, kurzen Schwanz auslaufen. Die Schwingen sollen aufgelegt den Rücken gut abdecken, ohne zu kreuzen.

laufen. Eine korrekte Verjüngung setzt eine ausreichende Breite des Körpers voraus, denn nur ein breiter Körper kann verjüngen. Ist der Rücken von Haus aus schon schmal, wird es mit der Verjüngung nicht mehr so dramatisch werden. Die stärkste Verjüngung findet in der Bürzelgegend statt. Wenn man die Flügel beiseite zieht, sieht man hier ganz deutlich den starken Einbruch in der Breite hin zum schmalen Schwanz. Wenn man die Flügel wieder korrekt auflegt, sieht man von oben betrachtet die gewünschte Tropfenform.

Typische Verjüngung aus dem breiten Rücken in den schmalen Schwanz übergehend

Schwanz

Der Schwanz ist kurz im Einklang zum kurzen Körper. Im Idealfall ist er so zusammengelegt, dass er nur die Breite einer Feder hat. Im Zweifel, insbesondere bei männlichen Tieren, tolerieren wir auch $1\frac{1}{2}$-fache Federbreite. Er wird leicht angehoben getragen und ist etwas länger als die Schwingen.

Tiere, die den Schwanz zu steil anziehen, sodass er manchmal höher als der

FORM UND TYP

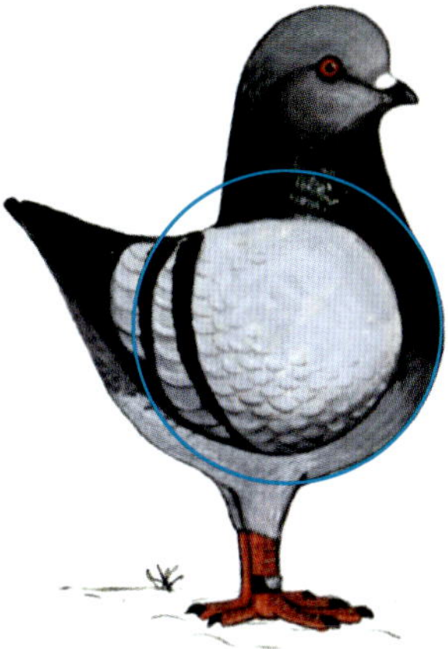

Körper:
kurz, breit und tief; muskulös mit ausreichender Masse

Brust:
sehr breit und vorgewölbt, gut gerundet

Flügelschild:
möglichst groß und rund

Unterlinie:
durchgehend ohne abzusetzen; fest anliegendes Keilgefieder

Kopf getragen wird, wollen wir nicht. Dies wird zum Teil bei bestimmten Huhntaubenrassen so gewünscht, ist aber nicht typisch für einen King. Das Keilgefieder muss gut und straff anliegen, um die Linienführung nicht zu stören.

Flügel

Die Flügel sind ziemlich kurz zum Rumpf und Schwanz passend. Sie ruhen auf dem schmalen Schwanz, ohne zu kreuzen, und decken den Rücken gut ab. Bei Tieren, die die letzte Schwinge geworfen haben, ist bei der Beurteilung Vorsicht geboten. Durch den extrem schmalen Schwanz ist die Auflagefläche für die Schwingen äußerst gering und bei Fehlen der äußeren Handschwinge rutschen die Schwingen gern ab, sodass die Schwingenauflage in diesem Stadium nicht immer konstant ist.

Wir achten bei unseren King sehr auf ein tiefes rundes Flügelschild, das gut eingebaut ist. Es verleiht dem Körper zusammen mit der tief herabreichenden Unterlinie in der Seitenansicht ein rundes Aussehen.

Läufe

Die Läufe bilden das Fundament, welches den Körper gut ausbalanciert. Sie sind kräftig, mittellang und breit angesetzt. Dadurch ergibt sich der geforderte breite Stand. Es reicht nicht aus, wenn die Läufe am Boden breit stehen; der breite Stand muss von oben heraus vom Einbau der Schenkel kommen. Die Schenkel haben die

STAND

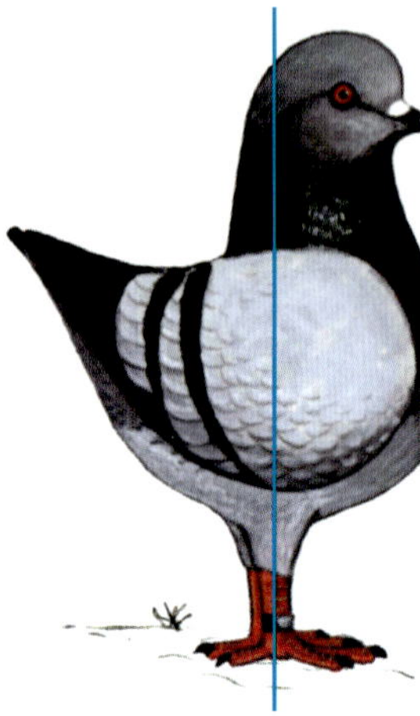

Stand:
breit und mittelhoch

Beine:
kräftig und gerade, das Fersengelenk also weder gewinkelt noch nach vorne durchgedrückt; Zehen am Boden gut aufgesetzt; es soll eine Nacken-Bein-Linie entstehen.

Form eines auf dem Kopf stehenden Kegels. Sie sind oben stabil am Körper angesetzt und kommen fließend aus der Unterlinie.
Die kräftigen Läufe sind gerade und gestreckt, das heißt, sie sind im Fersengelenk weder gewinkelt noch nach vorne durchgedrückt. Diese Forderung stellt eine Gratwanderung dar. Was nach vorne durchdrückt, wird gnadenlos zurückgesetzt. Meines Erachtens hat sich diese Fehlstellung des Gelenks nur ausgebreitet, weil in anderen Ländern nicht darauf geachtet wird und deshalb solche Tiere weitergegeben und zur Zucht eingesetzt werden. Wenn wir diesen Fehler im Auge behalten, wird er früher oder später verschwinden. Ein leichtes Winkeln des Fersengelenks – die Betonung liegt auf leicht – wird eher toleriert als ein Durchdrücken nach vorne.
Läufe und Zehen sind unbefiedert, die Zehen gut gespreizt und am Boden fest aufgesetzt. Hier müssen wir besonders auf die Hinterzehe achten. Ein King steht mit allen Zehen fest auf dem Boden, es gibt aber eine erhebliche Anzahl von Tieren, die auf den Vorderzehen tänzeln und dabei die Hinterzehe abheben. Dies widerspricht der Forderung nach einem stabilen Stand. Tiere, die diesen Mangel zeigen, drücken auch gern nach vorne durch.
Die Krallen haben die Farbe des Schnabels.

Gefieder

Das Gefieder ist rundherum sehr gut anliegend ohne jegliche Wirbel und Spalten. Bei den King handelt es sich um eine kurzfiedrige Taube mit einer bedingt harten

Feder. Bei zu harter Feder ist Vorsicht geboten. Hier werden die gewünschten Rundungen nicht unterstützt und die Taube wirkt dadurch eckig, was aber nicht heißen soll, dass wir eine flaumreiche Feder wollen. Die Forderung lautet: „Die Feder ist so hart, dass die Rundungen gerade noch unterstützt werden." Abstehendes Keil- oder Schenkelgefieder stört die Unterlinie erheblich und wird bei der Bewertung zurückgesetzt.
Das Thema Spalten und Wirbelbildung im Halsgefieder ist wohl so alt wie die Kingtaube selbst. Damit befasse ich mich schon seit meiner frühesten Kindheit. Fest steht, wir wollen keine Spalten und Wirbel, aber es gibt Tiere, die hier „spielen", das heißt, sie zeigen manchmal Wirbel oder gar Spalten und am anderen Tag sind sie glatt, als wenn nie etwas gewesen wäre. Deshalb wird dieses Übel auch bei der Bewertung mit äußerster Vorsicht behandelt. Wer straft schon gern eine Taube wegen eines Halswirbels und läuft damit Gefahr, dass der auf der Bewertungskarte aufgeführte Mangel am anderen Tag gar nicht mehr sichtbar ist. Deshalb wird hier einiges im Wunschbereich abgehandelt; nur was zu stark ausgeprägt ist, rückt in die Mangelspalte.
Die Ursache dieses Problems kommt meines Erachtens hauptsächlich von sogenannten Hautfalten im Halsbereich, die sich im Affekt zusammenziehen. Dadurch werden dann je nach Ausprägung mehr oder weniger Federn umgedreht oder gescheitelt. Die dadurch entstehenden Spalten oder Wirbel können nach Entspannung der Haut ganz oder teilweise wieder verschwinden.

Ringgröße

10 mm sind das Maß der Dinge. Es gibt Tiere, die dieses Maß zu sprengen drohen. Dies ist nicht das Zuchtziel. 10 mm sind und bleiben festgeschrieben. Der Ring sollte noch drehbar sein und dann ist die Grenze erreicht. Wenn im umgekehrten Fall der Ring zu viel Spiel bzw. Luft hat, sind die Läufe zu dünn und unpassend zum King.

Farbe und Zeichnung

Wie die einzelnen Farbenschläge aussehen sollen und wie die zuchtstandsbezogene Auslegung aussieht, kann im Kapitel Farbenschläge nachgelesen werden.

Die Bewertung

Wichtig bei der Beurteilung einer Kingtaube sind zunächst nicht einzelne hervorstechende Rassemerkmale, sondern die Harmonie aller Merkmale zu einem ausgewogenen Gesamtpaket. Bei einem guten King kommt dieser Gesamteindruck am besten zur Geltung, wenn man ihn aus dem Käfig herausnimmt und ihn anschließend wieder hineinlaufen lässt. Dann wirkt, etwas aus der Distanz betrachtet, sei-

ne ganze Schönheit auf uns, falls er etwas zu bieten hat, das heißt, er muss den richtigen Kingtyp ohne Wenn und Aber verkörpern.
Wenn er sich auf Anhieb nicht so positiv präsentiert, macht der Preisrichter hier schon Abstriche, ein Nachhelfen mit dem Preisrichterstab hilft hier meistens auch nicht mehr weiter. Wenn die Taube das Talent nicht hat, tut man sich auch mit Nachhilfe schwer. Wenn wir die Taube nun in ihrem Ganzen eingeschätzt haben, fahren wir mit der Bewertung der einzelnen Rassemerkmale fort.
In diesem Zusammenhang sei auch vor Übertypisierung einzelner Merkmale gewarnt, denn auch das stört die Harmonie und damit den Gesamteindruck.

Beim King handelt es sich um eine schwere Formentaube. Bei der Beurteilung der Rassemerkmale im Einzelnen liegt die eindeutige Priorisierung auf

- Form, Haltung und Stand
- sowie Kopf und Schnabel.

Ein glattes fest anliegendes Gefieder gehört hier ebenfalls dazu.

Die Bewertung der Form findet in zwei Stufen statt:

Sichtbewertung (hier beurteilen wir die Umrisse und Rundungen)

- Größe, Breite, Kürze, Tiefe
- Unterlinie, Rundungen
- Breites Flügelschild

Handbewertung

- Masse, Bemuskelung der Brust
- Körperverjüngung; schmaler, kurzer Schwanz
- Brustbeintiefe und -länge

Das Brustbein des King wird mit den Händen erfühlt. Es sollte – in einem kurzen Körper – möglichst lang sein, in einem geschwungenen Bogen weiterführen und so dicht wie nur möglich am After enden; es ist ferner gerade und tief. Das Brustbein unserer Siegertiere verläuft vom Ansatzpunkt maximal zuerst nach unten, bevor es in einem aufwärts gerichteten Bogen zum After führt.
Das tiefe Brustbein des King wird nur dann erreicht, wenn es bei einem kurzen Körper so lang wie möglich ist. Ein King mit einem kurzen Körper, gutem Stand, einwandfreier Form und Beinstellung, aber flachem Brustbein kann keine hohe Punktzahl erringen.
Ein King mit kurzem Rumpf und flachem Brustbein fühlt sich in den Händen ebenfalls flach an, weil es vom Ansatz an nicht weit genug nach unten gerichtet ist, um dann in einer geschwungenen Bogenlinie zum After zu führen.

In zweiter Linie betrachten wir dann Augenfarbe, Augenränder, Schnabelfarbe, Farbe und Zeichnung.
Hierbei gilt es zu bedenken, dass Farbe und Zeichnung an letzter Stelle der Bewertungsreihenfolge stehen, also nicht extrem an der Farbe kritisieren, nicht an Kleinigkeiten festhalten. Die Richtung muss stimmen und die Farbe muss eindeutig zuordenbar sein
Wenn wir dann alle Puzzleteile mit der richtigen Gewichtung zusammengesetzt haben, kommen wir zur Bewertungsnote mit einer aussagefähigen Kritik und der dazugehörenden Punktzahl.

Beim King handelt es sich um eine schwere Formentaube mit eindeutiger Priorität auf Typ.

Die Farbenschläge

Im Folgenden werden die 51 im derzeit gültigen EE-Standard anerkannten Farbenschläge der Kingtauben aufgeführt. Jeder Farbenschlag wird in kurzen Worten beschrieben und im Bild dargestellt. Dabei wurden die ideale Färbung und Zeichnung auf das Musterbild portiert.
In der Praxis hält der Zuchtstand einzelner Farbenschläge natürlich nicht diesen idealisierten Farbanforderungen stand. Bei der Bewertung der Farbe sollte beachtet werden, dass es sich bei den King um schwere Formentauben handelt und die Farbe und Zeichnung an letzter Stelle der Bewertungsreihenfolge kommen.

- Man sollte sich nicht an Kleinigkeiten festhalten.
- Die Richtung muss stimmen.
- Die Farbe muss zuordenbar sein.

Auf die Nebenfarben zu den Vielfarbigen wird in der Bilddarstellung verzichtet, weil diese nicht mit dem Ziel der Reinzucht gehalten werden, sondern lediglich als Mittel zum Zweck dienen, um gute Vielfarbige zu züchten.
Wer hätte gedacht, als unsere King 1960 in Deutschland mit zwei Farbenschlägen anerkannt wurden, dass die Farbvielfalt eine so rasante Weiterentwicklung erfährt. Die Kingzüchter haben es geschafft, alle neu anerkannten Farbenschläge rasch zu etablieren und zu hoher Güte zu führen. Selbst Farbenschläge, die ein vermeintliches Schattendasein führen, finden immer wieder Anhänger, die sie neu aufleben lassen.
Schauen Sie sich unsere bunte Farbpalette an. Sehen sie nicht schön aus, unsere stolzen und harmonischen King im bunten Federkleid? Nur live sind sie noch schöner.

Weiß

Beim weißen Farbenschlag wollen wir ein reines Weiß ohne jeglichen Anflug oder farbige Federn. Ein häufiger auftretender Rosé-Ton im Bauchgefieder oder am Rücken sowie jegliche andere Tönung sind fehlerhaft. Besonderen Wert legen wir auf einen gut durchbluteten roten Augenrand.

Der rote Rand ist ein Hauptrassemerkmal der weißen King, deshalb schließt ein blasser Rand von der Note sg aus. Die Schnabelfarbe ist fleischfarbig. Wenn sie vom Grund her rötlich bis rot ist, unterstützt dies die Bildung eines intensiv roten Augenrands. Die Augenfarbe ist dunkel.

1,0 jung, Weiß
(Hansjörg Gradert, Kükelühn)

0,1 jung, Weiß
(Thomas Meisinger, Gengenbach)

Schwarz

Unsere King sollen ein gleichmäßiges Schwarz ohne graue Einlagerungen zeigen. Lack wird nicht verlangt, aber eine intensive schwarze Farbe. Der Hals zeigt üppigen Grünglanz. Tiere, die eine bräunliche Säumung insbesondere auf Schild und Schwingen zeigen, sind fehlerhaft. Die Zeiten, in denen heller Ortfedersaum geduldet wird, sind vorbei; lediglich im unteren Drittel wird noch eine leichte Aufhellung toleriert.
Schnabel und Krallen sind schwarz, die Augenfarbe ist Orange bis Rot. Der Augenrand ist dunkel und unauffällig oder rot.

1,0 jung, Schwarz (Harald Wels, Satrup)

0,1, Schwarz (Herbert Saliter, Simbach)

Dunfarbig

Die Dunfarbigen sind genetisch verdünnte Schwarze. Sie zeigen eine oft etwas schmutzige, graubraune Farbe, die an Kopf und Hals sowie Brust und Schwanz möglichst gleichmäßig ist. Die Schildfarbe zeigt des Öfteren eine leichte cremefarbige Zeichnung, ähnlich einer Resthämmerung, und die Schwingenfarbe hellt leicht auf. Dies ist zu tolerieren.

Schnabel und Krallen sind hornfarbig. Die Augenfarbe muss (Unterschied zu den Braunen) Orange sein.

0,1 jung, Dunfarbig (Harald Wels, Satrup)

Rot

Bei diesem Farbenschlag wird eine gleichmäßige intensive Farbe vom Kopf bis zum Schwanz ohne Grau- bzw. Blautöne verlangt. Zuchtstandsbezogen werden hier vorübergehend nicht die höchsten Anforderungen gestellt, aber alles mit Maß und Ziel. Was zu blau ist, wird zurückgesetzt. Der Hals zeigt einen grünlichen Glanz. Die Schwingen sind durchgefärbt. Ein heller Ortfedersaum wird bis auf Weiteres toleriert.

Schnabel und Krallen sind hellhornfarbig, bei Täubinnen ist ein leicht dunkler Anflug am Schnabel ohne Abstriche zu tolerieren. Beim Täuber wird er auf jeden Fall als Wunsch vermerkt. Die Augenfarbe ist Orange bis Rot.

1,0 alt, Rot (Dieter Klenk, Wertheim)

Zuchtwart Siegfried Basmer demonstriert die Zugeständnisse beim roten Farbenschlag.

Gelb

Gelb ist die Verdünnung von Rot. Auch hier wird ein gleichmäßiges Gelb von mittlerem Farbton mit durchgefärbten Schwingen verlangt. Grautöne sind ebenso unerwünscht. Hier sind die Farbanforderungen etwas höher anzusetzen als bei den Roten.
Schnabel und Krallen sind hellhornfarbig. Die Augenfarbe ist Orange.

0,1 jung, Gelb
(Bernhard Fink, Simbach)

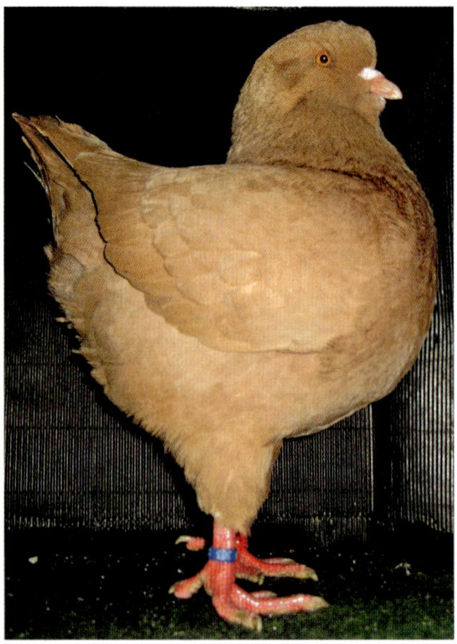

1,0 jung, Gelb
(Dieter Klenk, Wertheim)

Braun

Die Gefiederfarbe ist ein gleichmäßiges Braun, und zwar vergleichbar mit der Bindenfarbe der Braunfahlen. Leichte Aufhellungen im Schild- und Schwingenbereich, die durch Sonneneinwirkung entstehen können, sollten toleriert werden.

Schnabel und Krallen sind hornfarbig. Die Augenfarbe ist heller als Orange.

0,1 alt, Braun
(Siegmar Merk, Rackwitz)

1,0, Braun
(Gustav Weber, Schwadorf, Österreich)

Braunfahl

Die Schildfarbe unserer Braunfahlen soll ein reines, helles Graubraun zeigen. Die Körpergrundfarbe inklusive Kopf- und Halsfarbe ist etwas dunkler, wobei der Hals einen grünlichen Glanz zeigt. Täubinnen sind genetisch bedingt etwas dunkler gefärbt. Zwei gleichmäßig verlaufende dunkelbraune Binden zieren das Flügelschild. Die Schwanzbinde in derselben Farbe soll auf dem Schwanz gut ausgeprägt vorhanden sein.
Schnabel und Krallen sind hornfarbig. Die Augenfarbe ist heller als Orange.

1,0 jung, Braunfahl
(Norbert Gehrmann, Schwanewede)

Braunfahlgehämmert

Die Grundfarbe ist die der Braunfahlen. Das Flügelschild ist möglichst gleichmäßig mit einer dunkelbraunen Hämmerung bedeckt.

Schnabel und Krallen sind dunkelhornfarbig, die Augenfarbe ist heller als Orange.

0,1, Braunfahlgehämmert (Gustav Weber, Schwadorf, Österreich)

Braunfahl-Dunkelgehämmert

Die Grundfarbe ist die der Braunfahlgehämmerten. Das Flügelschild ist mit einer vollen dunkelbraunen Hämmerung versehen. Ob die Restgrundfarbe als Pfeilspitzzeichnung angeordnet ist oder in eine Säumung ausläuft, ist nicht von Bedeutung. Es muss auf jeden Fall noch fahle Grundfarbe am Schild erkennbar sein.
Schnabel und Krallen sind dunkelhornfarbig. Die Augenfarbe ist bei den Braunfarbenschlägen heller als bei den anderen.

Khakifahl-Dunkelgehämmert

Die Grundfarbe ist etwas dunkler als bei den Khakifahlen. Das Flügelschild ist mit einer vollen erdfarbenen Hämmerung bedeckt. Ob die Restgrundfarbe als Pfeilspitzzeichnung angeordnet ist oder in eine Säumung ausläuft, ist nicht von Bedeutung. Es muss auf jeden Fall noch fahle Grundfarbe am Schild erkennbar sein.
Schnabel und Krallen sind hellhornfarbig, die Augenfarbe ist aufgehellt.

Khaki

Khaki ist die Verdünnung von Braun. Die Gefiederfarbe ist gleichmäßig Khakifarben (Farbe trockener Erde), vergleichbar mit der Bindenfarbe der Khakifahlen. Leichte Aufhellungen im Schild- und Schwingenbereich, die durch Sonneneinwirkung entstehen können, sollten toleriert werde.
Schnabel und Krallen sind hellhornfarbig. Die Augenfarbe ist heller als bei den anderen Farbenschlägen.

Khakifahl mit Binden

Die Schildfarbe der Khakifahlen tendiert zu Cremefarben. Die Körpergrundfarbe inklusive Kopf- und Halsfarbe ist etwas dunkler, wobei der Hals einen grünlichen Glanz zeigt. Täubinnen sind genetisch bedingt etwas dunkler gefärbt. Zwei gleichmäßig verlaufende erdfarbene Binden zieren das Flügelschild. Die Schwanzbinde in derselben Farbe soll auf dem Schwanz gut ausgeprägt vorhanden sein.
Schnabel und Krallen sind hellhornfarbig, die Augenfarbe ist aufgehellt.

Khakifahlgehämmert

Die Grundfarbe ist die der Khakifahlen. Das Flügelschild ist möglichst gleichmäßig mit einer erdfarbenen Hämmerung bedeckt.
Schnabel und Krallen sind hellhornfarbig, die Augenfarbe ist aufgehellt.

0,1, Khakifahlgehämmert (Ron Zottneck, USA)

Blau ohne Binden

Die Grundfarbe ist ein mittleres, gleichmäßiges Taubenblau. Die Rückenfarbe ist Weiß, jedoch von untergeordneter Bedeutung. Das Flügelschild zeigt, wie der Name schon sagt, keine Binden. Die Schwanzbinde und die zusammengelegten Schwingen sind schwarz. Der Hals glänzt metallisch grün.
Schnabel und Krallen sind schwarz, die Augenfarbe ist Orange bis Rot.

0,1 alt, Blau ohne Binden (Bodo Erdmann)

Blau mit schwarzen Binden

Es wird ein mittleres, gleichmäßiges Taubenblau mit exakt verlaufenden schwarzen Binden angestrebt. Die Rückenfarbe ist Weiß, jedoch von untergeordneter Bedeutung. Die Täuber sind in der Regel etwas heller als die Täubinnen. Die Schwanzbinde ist ebenso wie die zusammengelegten Schwingen schwarz. Der Hals glänzt metallisch grün, die Brustfarbe sollte frei von Kupfereinlagerungen sein. Rußige, unreine Schildfarbe entwertet.
Schnabel und Krallen sind schwarz, die Augenfarbe ist Orange bis Rot.

0,1 alt, Blau mit schwarzen Binden (Walter Hermann, Walddorfhäslach)

1,0 alt, Blau mit schwarzen Binden (Zivojin Cebzan, Bensheim)

Blaugehämmert

Die Grundfarbe ist ein sattes Taubenblau, das insbesondere an Hals und Kopf etwas dunkler als bei den Blauen mit schwarzen Binden ist. Auf dem Flügelschild verlangen wir eine gleichmäßige, schwarze Hämmerung. Die Farbverteilung zwischen Hämmerung und Grundfarbe liegt etwa bei 50 : 50 mit der Toleranzgrenze +/- 20 %. Rostige Einlagerungen in Hämmerung oder Binden sind fehlerhaft. Leichte Resthämmerung an den Schenkeln wird toleriert. Die Rückenfarbe ist Weiß, jedoch von untergeordneter Bedeutung. Schwingen und Schwanzbinde sind schwarz. Der Hals glänzt metallisch grün. Schnabel und Krallen sind schwarz, die Augenfarbe ist Orange bis Rot.

1,0 jung, Blaugehämmert (Konrad Pillris, Pleiskirchen)

0,1 jung, Blaugehämmert (Zivojin Cebzan, Bensheim)

Blau-Dunkelgehämmert

Die Grundfarbe ist ein dunkleres Taubenblau. Das Flügelschild ist mit einer schwarzen, vollen Hämmerung versehen. Ob die Restgrundfarbe als Pfeilspitzzeichnung angeordnet ist oder in eine Säumung ausläuft, ist nicht von Bedeutung. Es muss auf jeden Fall noch blaue Grundfarbe am Schild erkennbar sein. Kopf-, Hals-, Brust-, Schenkel- und Bauchfarbe sind durch den vermehrten Schwarzanteil dunkler als bei den Blaugehämmerten. Jegliche Form von Rost oder Bronze, welche an die Farbe Kite erinnert, ist verpönt. Die Rückenfarbe ist Weiß, jedoch von untergeordneter Bedeutung.
Schnabel und Krallen sind schwarz, die Augenfarbe ist Orange bis Rot.

0,1 jung, Blau-Dunkelgehämmert (Benno Zapf, Bittstätt)

1,0 jung, Blau-Dunkelgehämmert (Herbert Saliter, Simbach)

Blau-Dunkel

Die Grundfarbe ist ein dunkleres Taubenblau. Das Flügelschild ist schwarz ohne Restgrundfarbe. Kopf-, Hals-, Brust-, Schenkel- und Bauchfarbe sind durch den vermehrten Schwarzanteil dunkler als bei den Blaugehämmerten. Rostige Einlagerungen im Schild sind fehlerhaft. Die schwarze Farbe verläuft bis in die Schenkel. Die Rückenfarbe ist von untergeordneter Bedeutung.
Schnabel und Krallen sind schwarz, die Augenfarbe ist Orange bis Rot.

1,0 jung, Blau-Dunkel
(Herbert Saliter, Simbach)

Blaufahl ohne Binden

Hierbei handelt es sich um die Verdünnung von Blau ohne Binden. Ein gleichmäßiges, aufgehelltes Taubenblau, welches an Hals und Kopf etwas dunkler ist, bildet die Grundfarbe. Der Hals glänzt metallisch grün. Die Schildfarbe ist hell und rein ohne Pfeffer oder Bindenansatz. Die Schwanzbinde ist dunkel gefordert (fast schwarz). Die Schwingen sind heller. Ockerfarbige Brust wird toleriert.
Schnabel und Krallen sind hornfarbig. Die Augenfarbe ist (Unterschied zu den Braunfahlen) Orange bis Rot.
Aber auch sonst sollten sie sich deutlich von den Braunfahlen unterscheiden, indem sie weniger Brauntöne zeigen.

Blaufahl mit Binden

Dies ist die Verdünnung von Blau mit schwarzen Binden. Ein gleichmäßiges, aufgehelltes Taubenblau, welches an Hals und Kopf etwas dunkler ist, bildet die Grundfarbe. Der Hals glänzt metallisch grün. Die Flügelbinden und die Schwanzbinde sind dunkel gefordert (fast schwarz). Die Schwingen sind heller. Die Schildfarbe ist hell und rein. Ockerfarbige Brust wird toleriert.
Schnabel und Krallen sind hornfarbig. Die Augenfarbe ist (Unterschied zu den Braunfahlen) Orange bis Rot.
Aber auch sonst sollten sie sich deutlich von den Braunfahlen unterscheiden, indem sie weniger Brauntöne zeigen.

0,1 jung, Blaufahl mit Binden (Fritz Gruber, Geboltskirchen, Österreich)

Blaufahlgehämmert

Hier handelt es sich um verdünntfarbige Blaugehämmerte. Ein gleichmäßiges, aufgehelltes Taubenblau, welches an Hals und Kopf etwas dunkler ist, bildet die Grundfarbe. Der Hals glänzt metallisch grün. Die Hämmerung und die Schwanzbinde sind dunkel gefordert (fast schwarz). Die Schwingen sind heller. Die dunkle Hämmerung auf dem hellen Schild ist kontrastreich und gleichmäßig verteilt. Ockerfarbige Brust wird toleriert.
Schnabel und Krallen sind hornfarbig, die Augenfarbe ist Orange bis Rot.
Zur deutlichen Unterscheidung von den Braunfahlgehämmerten sollen sie weniger Brauntöne zeigen.

0,1 jung, Blaufahlgehämmert (Armin Pfister, Donauwörth

Blaufahl-Dunkelgehämmert

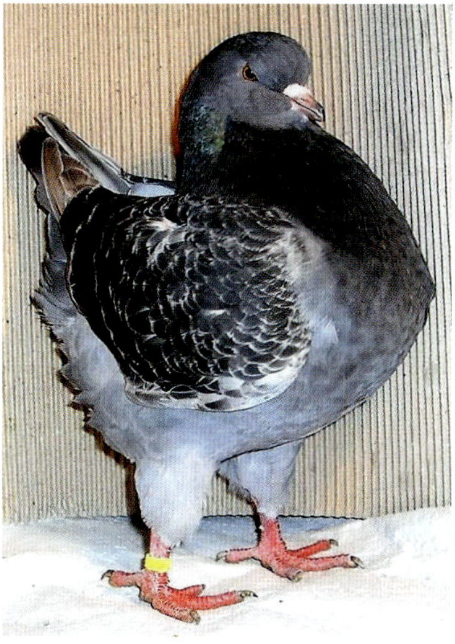

0,1 jung, Blaufahl-Dunkelgehämmert (Dr. Karl-Heinz Swoboda, Triebsees)

Hier handelt es sich um verdünntfarbige Blau-Dunkelgehämmerte. Ein gleichmäßiges, aufgehelltes Taubenblau, welches an Hals und Kopf etwas dunkler ist, bildet die Grundfarbe. Der Hals glänzt metallisch grün. Die Hämmerung und die Schwanzbinde sind dunkel gefordert (fast schwarz). Das Flügelschild ist mit einer vollen Hämmerung versehen. Ob die Restgrundfarbe als Pfeilspitzzeichnung angeordnet ist oder in eine Säumung ausläuft, ist nicht von Bedeutung. Es muss auf jeden Fall noch fahle Grundfarbe am Schild erkennbar sein. Die Schwingen sind heller. Ockerfarbige Brust wird toleriert.
Schnabel und Krallen sind hornfarbig, die Augenfarbe ist Orange bis Rot.
Zur deutlichen Unterscheidung von den Braunfahl-Dunkelgehämmerten sollen sie weniger Brauntöne zeigen.

Blauschimmel

Die Grundfarbe ist ein mittleres Taubenblau, welches durch den Schimmelfaktor frostig aufgehellt wird. Das heißt, die ideale Schimmelfarbe sieht aus wie ein mit Reif überzogenes Blau. Die Binden werden durch den Schimmelfaktor nicht beeinflusst. Sie werden, wie die zusammengelegten Schwingen auch, schwarz verlangt. Stark gescheckte Kopf- und Halsfarbe, die durch einfarbig weiße Federn hervorgerufen wird, ist ebenso wie Rosteinlagerungen fehlerhaft.
Schnabel und Krallen sind schwarz, die Augenfarbe ist Orange bis Rot.

1,0 jung, Blauschimmel
(Heiko Böttcher, Bad Lauchstädt)

1,0 jung, Blauschimmel
(Heiko Böttcher, Bad Lauchstädt)

Blaufahlschimmel

Die Grundfarbe ist ein aufgehelltes Taubenblau, welches durch den Schimmelfaktor frostig aufgehellt wird. Das heißt, die ideale Schimmelfarbe sieht aus wie ein mit Reif überzogenes Blaufahl. Die Binden werden durch den Schimmelfaktor nicht beeinflusst. Sie werden, wie die zusammengelegten Schwingen auch, dunkler verlangt. Stark gescheckte Kopf- und Halsfarbe, die durch einfarbig weiße Federn hervorgerufen wird, ist ebenso wie Rosteinlagerungen fehlerhaft.
Schnabel und Krallen sind hornfarbig, die Augenfarbe ist Orange bis Rot.

Indigo ohne Binden

Die Grundfarbe ist Blau ohne Bindenansatz oder Pfeffer. Die Schwanzbinde verschwindet fast völlig; sie ist im Farbton heller als die Schwanzfarbe und nur mehr oder weniger angedeutet. Die Schwingenfarbe ist ebenfalls ausgebleicht.
Schnabel und Krallen sind schwarz, die Augenfarbe ist Orange bis Rot.

Indigo mit Binden

Die Grundfarbe ist Blau, die Binden sind rostrot. Die Schwanzbinde verschwindet fast völlig; sie ist im Farbton heller als die Schwanzfarbe und nur mehr oder weniger angedeutet. Die Schwingenfarbe ist ebenfalls ausgebleicht. In der Praxis werden unterschiedliche Farbschattierungen gezeigt, vor allem die Bindenfarbe variiert oft von Rostrot bis Kastanienbraun. Wenn die Abweichungen nicht zu stark sind, werden sie toleriert.
Schnabel und Krallen sind schwarz, die Augenfarbe ist Orange bis Rot.

0,1 jung, Indigo mit Binden (Otto Harnier, Tervueren, Belgien)

Indigogehämmert

Bei blauer Grundfarbe wird eine möglichst gleichmäßige rostrote Schildhämmerung verlangt. Die Hämmerung ist in der Regel nicht so gleichmäßig wie bei ihren blauen Vettern. Die Schwanzbinde ist stark aufgehellt und fast nicht zu erkennen. Die Schwingenfarbe ist ausgebleicht.
Schnabel und Krallen sind schwarz, die Augenfarbe ist Orange bis Rot.

1,0, Indigogehämmert
(Kurt Vogel, Eichendorf)

Indigo-Dunkelgehämmert

Die Grundfarbe ist etwas dunkler als bei den Gehämmerten. Das Flügelschild ist mit einer vollen rostroten Hämmerung überzogen. Die blaue Restgrundfarbe sollte jedoch noch erkennbar sein. Die Abgrenzung der Hämmerung ist in der Regel nicht so scharf wie bei den Blaugehämmerten. Die Schwanzbinde ist stark aufgehellt.
Schnabel und Krallen sind schwarz, die Augenfarbe ist Orange bis Rot.

0,1 jung, Indigo-Dunkelgehämmert (Kurt Vogel, Eichendorf)

Andalusierfarbig

Kopf, Hals, Brust und Bauch bis zu den Beinen sollen eine schwarz-blaue Gefiederfarbe aufweisen. Das Flügelschild ist dunkelblau mit einer deutlichen Federsäumung. Die Schwingen sind möglichst dunkel auslaufend. Keil und Schwanzfarbe sind von Dunkelblau bis Graublau. Täubinnen sind genetisch bedingt dunkler als die Täuber, dadurch hebt sich der Saum nicht mehr so deutlich ab. Sehr wenige und unauffällige Rosteinlagerungen sind zurzeit noch zu tolerieren.
Schnabel und Krallen sind schwarz, die Augenfarbe ist Orange bis Rot.

1,0 alt, Andalusierfarbig (Kurt Vogel, Eichendorf)

1,0, Andalusierfarbig (Kurt Vogel, Eichendorf)

DIE REINERBIGEN ANDALUSIER

Die oben beschriebenen Andalusierfarbigen entstehen nur, wenn die entsprechenden Gene spalterbig vorliegen (siehe auch im Kapitel Farbgenetik Seite 153 ff.). Daneben gibt es aber noch die reinerbigen Andalusier, die jedoch im derzeitigen Standard des BDRG noch nicht anerkannt sind. Hierbei handelt es sich um Tauben, die neben dem Ausbreitungsfaktor den Indigofaktor doppelt tragen. Dadurch erscheint ihr Gefieder wesentlich stärker aufgehellt als bei der spalterbigen Variante. Reinerbige Andalusier haben ein hellsilbergraues Gefieder und einen dunkleren Kopf bzw. ein schwarzblaues Gesicht. Oft zeigen sie analog der spalterbigen Variante etwas Rost auf der Brust und in der Bindengegend.
Schnabel und Krallen sind schwarz, die Augenfarbe ist Orange.

1,0, reinerbiger Andalusier, zurzeit noch nicht anerkannt (Kurt Vogel, Eichendorf)

Rotfahl

Hals und Brust sind dunkelrot. Die Kopffarbe variiert von Aschgrau bis Rötlich. Die Schildfarbe ist Hellaschgrau. Sie sollte möglichst rein sein ohne Pfeffer oder farbige Flecken (sooty). Die Binden sind möglichst lang, getrennt und von rotbrauner Farbe. Die Bauchfarbe ist bis in den Keil Aschgrau. Schwingen und Schwanz sind einen Ton heller. Farbliche Spiegel im unteren Bereich der Schwingen und Schwanzfedern sind nicht zu strafen, da sie Farbstoffreserven sind. Tintenspritzer, wenn sie nicht zu ausgeprägt sind, werden in der gesamten Rotfahl-Reihe toleriert, aber zu blaustichige Tiere werden zurückgesetzt.

Schnabel und Krallen sind hornfarbig bis schwarz, die Augenfarbe ist Orange bis Rot.

1,0 alt, Rotfahl
(Klaus Ohlendorf, Sondershausen)

Rotfahlgehämmert

Kopf, Hals und Brust sind weinrot, die Bauchfarbe und der Keil laufen hellgrau aus. Schwingen und Schwanz sind hellgrau. Farbliche Einlagerungen in dem unteren Bereich der Schwingen und Schwanzfedern sind Farbstoffreserven. Das Schild soll eine möglichst gleichmäßige, kontrastreiche Hämmerung aufweisen, die von mittel bis etwas stärker gehämmert variieren kann. Eine Resthämmerung im Schenkelbereich sollte keine Erwähnung finden.
Auch in diesem Farbenschlag wird eine orange bis rote Augenfarbe gefordert. Eine hornfarbige bis schwarze Schnabel- und Krallenfarbe runden das Gesamtbild ab.

Tiere, die bisher die bei den Dominant Roten gestatteten 10 % Restgrundfarbe auf dem Flügelschild zeigen, werden jetzt als Dunkelgehämmert angesehen, das heißt, Dominant Rote haben mit Anerkennung der Rotfahl-Dunkelgehämmerten ein rein rotes Flügelschild. Schnabel und die Krallen sind hornfarbig, das Auge ist Orange bis Rot.

Rotfahl-Dunkelgehämmert

Kopf, Hals und Brust sind weinrot, die Bauchfarbe und der Keil laufen hellgrau aus. Schwingen und Schwanz sind hellgrau. Farbliche Einlagerungen in dem unteren Bereich der Schwingen und Schwanzfedern sind Farbstoffreserven. Das Flügelschild ist mit einer vollen Hämmerung versehen. Ob die Restgrundfarbe als Pfeilspitzzeichnung angeordnet ist oder in eine Säumung ausläuft, ist nicht von Bedeutung. Es muss auf jeden Fall noch graue Grundfarbe am Schild erkennbar sein.
Auch in diesem Farbenschlag wird eine orange bis rote Augenfarbe gefordert. Schnabel und Krallen sind hornfarbig bis schwarz.

1,0 jung, Rotfahl-Dunkelgehämmert (Attila Piukovics, Budapest, Ungarn)

1,0 jung, Rotfahl-Dunkelgehämmert (Udo Prediger, Coburg)

Dominant Rot

Vom Kopf bis zum Schenkelgefieder soll eine intensive rote Farbe vorhanden sein. Das Flügelschild wird rein rot verlangt. Das hintere Bauchgefieder sowie der Keil sind hellgrau, wobei bei Täubinnen ein bläulicher Anflug noch toleriert wird. Schwingen und Schwanz sind hell (nicht weiß), wobei farbliche Einlagerungen in den Innenfahnen nicht bestraft werden dürfen, da sie als Farbstoffreserven dienen.
Schnabel und Krallen sind hornfarbig, die Augenfarbe ist Orange bis Rot.

0,1 jung, Dominant Rot (Walter Stephan)

1,0 jung, Dominant Rot (Benno Zapf, Bittstätt)

Gelbfahl

Die Grundfarbe ist ein gleichmäßiges helles Rahmgelb, die Brust und die obere Halsfarbe sowie die Binden sind sattgelb. Die Kopffarbe variiert von hell bis gelblich. Schwingen und Schwanz werden hell (nicht weiß) gefordert. Bei Täubinnen in der gesamten Gelbfahl-Reihe wird ein leicht grauer Anflug toleriert. In den Innenfahnen und unteren Schwanzfedern vorhandene Farbeinlagerungen werden nicht gestraft, da sie als Farbstoffreserven dienen.
Schnabel und Krallen sind hellhornfarbig, die Augenfarbe ist Orange bis Rot.

0,1 alt, Gelbfahl
(Ron Zottneck, USA)

Gelbfahlgehämmert

Kopf, Hals und Brust sind von kräftiger gelber Farbe, das Bauchgefieder bis zum Keil und das Flügelschild sind rahmgelb, Letzteres ist mit einer möglichst gleichmäßigen gelben Hämmerung versehen. Schwingen- und Schwanzfarbe sind wie bei Gelbfahl, ebenso die Augen-, Schnabel- und Krallenfarbe.

0,1 jung, Gelbfahlgehämmert (Armin Pfister, Donauwörth)

Gelbfahl-Dunkelgehämmert

Kopf, Hals und Brust sind von kräftig gelber Farbe, das Bauchgefieder ist bis zum Keil rahmgelb. Schwingen- und Schwanzfarbe sind wie bei Gelbfahlgehämmert, ebenso die Augen-, Schnabel- und Krallenfarbe. Das Flügelschild ist mit einer vollen Hämmerung versehen. Ob die Restgrundfarbe als Pfeilspitzzeichnung angeordnet ist oder in eine Säumung ausläuft, ist nicht von Bedeutung. Es muss auf jeden Fall noch rahmgelbe bis hellgraue Grundfarbe am Schild erkennbar sein.

Tiere, die bisher die bei den Dominant Gelben gestatteten 10 % Restgrundfarbe auf dem Flügelschild zeigen, werden jetzt als Dunkelgehämmert angesehen, das heißt, mit Anerkennung der Gelbfahl-Dunkelgehämmerten müssen die Dominant Gelben ein rein gelbes Flügelschild zeigen.

Dominant Gelb

Gleichmäßig kräftig gelb sind Kopf, Hals, Brust und Bauch bis zum Schenkelgefieder sowie das Flügelschild. Das hintere Bauchgefieder sowie der Keil sind rahmgelb, wobei bei Täubinnen ein grauer Anflug toleriert wird. Die Schwingen- und die Schwanzfarbe sind hell, wobei hier farbliche Einlagerungen im unteren Teil stärker vorhanden sind. Schnabel und Krallen sind hellhornfarbig, die Augenfarbe ist Orange bis Rot.

0,1 jung, Dominant Gelb (Jürgen Zwingmann, Duderstadt)

Vielfarbig mit Nebenfarben

Bei **Vielfarbigen** ist die Grundfarbe Cremefarben bis Mandelgelb. Über die gesamte Taube einschließlich Schwingen und Schwanz sind mehrfarbige Spritzer in allen Taubenfarben (Braun, Rot, Blau, Schwarz) verteilt. Bei den Spritzern handelt es sich um eine Sprenkelung, das heißt, es ist nur ein mehr oder weniger großer Fleck auf der Feder als Spritzer vorhanden. Einfarbige Federn in Farbe dieser Spritzer sind insbesondere in Schwingen und Schwanz verpönt. Täubinnen sind schwächer gezeichnet als Täuber; die Zeichnung wird mit zunehmendem Alter dunkler. Diese Tiere tragen den Almondfaktor und sollen nicht untereinander verpaart werden. Schnabel- und Krallenfarbe sind nicht von Bedeutung.

Die Farbe **Kite** ist schwarzdunkel mit mehr oder weniger Bronzeglanz im Hals- und Brustgefieder sowie Bronzeeinlagerungen in Schwingen und Schwanz.

Bei **Golddun** handelt es sich um Kite mit Verdünnungsfaktor. Hier ist die Farbe aufgehellt mit goldfarbigem Anflug, insbesondere auf der Brust.

Die **Agate** sind einfarbig **Rote** oder **Gelbe** mehr oder weniger mit Weiß durchsetzt ohne festgelegte Zeichnung. Die Schwingen- und Schwanzfedern werden farbig verlangt, die Federschäfte sind weißlich angelaufen.

Bei **De Roy** ist die Gefiederfarbe Goldgelb, mit zum Teil mahagonifarbenen Spritzern oder Flecken, gelegentlich mit mehr oder weniger Weiß durchsetzt. Schwingen und Schwanzfedern sind meist heller gefärbt. Diese Tiere tragen den Almondfaktor und sollen nicht untereinander verpaart werden. Schnabel- und Krallenfarbe sind nicht von Bedeutung.

Blautiger

Auf der Grundfarbe Blau mit schwarzen Binden wird eine über den ganzen Körper gleichmäßig verteilte weiße Zeichnung angestrebt. Schimmelige oder rostige Federn sollten nicht vorhanden sein. Schwingen und Schwanz sind farbig, eine verdeckte weiße Feder im Schwanz oder den Handschwingen wird toleriert. Binden sollten noch erkennbar sein, wenn dieser Bereich farbig ist.
Schnabel und Krallen sind schwarz, die Augenfarbe ist Orange bis Rot.

Rottiger

Die Grundfarbe ist Rezessiv Rot. Bis auf die Schwingen und den Schwanz sind alle anderen Körperteile möglichst gleichmäßig mit weißen Federn durchsetzt, eine verdeckte weiße Feder im Schwanz oder den Handschwingen wird toleriert. Stark bläuliche Farbe im Bauch und Keilgefieder wird geahndet. Für weibliche Tiere gilt dasselbe wie für die Roten, wobei ein leicht dunkler Anflug am Oberschnabel zu tolerieren ist.
Schnabel und Krallen sind hellhornfarbig, die Augenfarbe ist Orange bis Rot.

Schwarztiger

Bei überwiegend schwarzer Grundfarbe wird eine gleichmäßige Tigerung (Wechsel farbiger mit weißen Federn) über den ganzen Körper einschließlich Kopf, Hals- und Schildbereich verlangt. Schwingen und Schwanz sind durchgefärbt, eine verdeckte weiße Feder im Schwanz oder den Handschwingen wird toleriert.
Schnabel und Krallen sind schwarz, die Augenfarbe ist Orange bis Rot.

1,0 jung, Schwarztiger
(Walter Dieterle, Pforzheim)

Gelbtiger

Auf sattem, reinem Gelb wird eine möglichst gleichmäßige Tigerung, auf allen Körperteilen verteilt, verlangt. Schwingen und der Schwanz sind gelb, eine verdeckte weiße Feder im Schwanz oder den Handschwingen wird toleriert. Die Durchfärbung der Schwingen ist nicht so ausgeprägt wie bei den Einfarbigen. Schnabel und Krallen sind hellhornfarbig, die Augenfarbe ist Orange bis Rot.

1,0 alt, Gelbtiger
(Wendelin Miller, Ismaning)

Blauschecken

Die Grundfarbe ist Blau mit schwarzen Binden. Die Scheckung ist gleichmäßig über alle Körperteile verteilt, wobei der Weißanteil überwiegen sollte. Schimmelige Federpartien und Rosteinlagerungen sind fehlerhaft. Schwingen und Schwanz sind möglichst gescheckt. Wenn dies nicht so ist, gilt es bei allen Gescheckten höchstens als kleiner Wunsch. Binden sollten zumindest teilweise, wenn dieser Bereich farbig ist, noch erkennbar sein.
Schnabel und Krallen sind schwarz, die Augenfarbe ist Orange bis Rot.

0,1 jung, Blauschecken
(Björn Pessel, Nordsteimke)

Schwarzschecken

Bei intensiv schwarzer Grundfarbe wird eine gleichmäßige Scheckung über alle Körperteile gefordert, wobei der Weißanteil überwiegen sollte. Schimmelige oder graue Federpartien sind fehlerhaft. Schwingen und Schwanz sind möglichst gescheckt.
Schnabel und Krallen sind schwarz, die Augenfarbe ist Orange bis Rot.

0,1 alt, Schwarzschecken (Harald Wels, Satrup)

1,0 alt, Schwarzschecken (Walter Dieterle, Pforzheim)

Rotschecken

Auf satter, rezessiv roter Farbe wird eine gleichmäßige weiße Scheckung verlangt, die gegenüber der Grundfarbe überwiegen sollte. Alle Federn sollten entweder einfarbig rot oder weiß sein. Zweifarbige Federn sind verpönt, jedoch bei diesem Farbenschlag nicht ganz auszuschließen. Schwingen und Schwanz sind möglichst gescheckt. Bei Täubinnen wird ein leicht dunkler Anflug am Oberschnabel gestattet.
Schnabel und Krallen sind hellhornfarbig, die Augenfarbe ist Orange bis Rot.

0,1 alt, Rotschecken (Udo Jaworski)

Gelbschecken

Die vorherrschende weiße Scheckung wechselt mit satten gelben Feldern ab. Alle Federn sollten entweder einfarbig gelb oder weiß sein. Zweifarbige Federn sind verpönt, jedoch bei diesem Farbenschlag nicht ganz auszuschließen. Schwingen und Schwanz sind möglichst gescheckt.

Schnabel und Krallen sind hellhornfarbig, die Augenfarbe ist Orange bis Rot.

NOCH IM ANERKENNUNGSVERFAHREN

Braungescheckte und braungetigerte Kingtauben waren zur Drucklegung noch im Anerkennungsverfahren und werden daher hier noch nicht näher beschrieben.

Einblick in die Farbgenetik

Da wir bei unseren King 51 Farbenschläge anerkannt haben, möchte ich etwas zur Vererbung von Grundfarbe und Zeichnung und zu den Kreuzungsmöglichkeiten verschiedener Farbenschläge schreiben. Farbenschläge, die durch modifizierende Erbfaktoren hervorgerufen werden, sind ebenfalls Bestandteil dieser Abhandlung. Dieser Beitrag stellt keine wissenschaftliche Arbeit dar und erhebt keinen Anspruch auf Vollständigkeit. Ich möchte nur kurz einige Zusammenhänge in der Farbvererbung der Tauben mit einfachen Worten erläutern und anhand von praktischen Paarungs-Beispielen die möglichen Ergebnisse darstellen.

Vererbungslehre in Kürze

Die Erbinformationen eines jeden Lebewesens befinden sich auf den Chromosomen. Diese sind grundsätzlich in den Körperzellen doppelt vorhanden, das heißt, die Erbinformationen liegen also jeweils doppelt vor.

BEISPIEL FÜR ZELLTEILUNG

Eine Zelle mit doppeltem Chromosomensatz (spalterbig für bindig/gehämmert), ist vom Genotyp her mischerbig, vom Phänotyp her gehämmert, da das Gen für gehämmert dominant gegenüber dem rezessiven Gen für bindig ist. Entstehen durch Meiose Ei- oder Samenzellen, enthalten sie dann nur ein Gen, und zwar jeweils entweder für bindig oder für gehämmert. Somit können die Nachkommen von mischerbigen Tieren beide Eigenschaften weitervererben.
Die einfachen Chromosomensätze von Eizellen und Spermien verschmelzen bei der Befruchtung wieder zum doppelten Chromosomensatz einer Zelle. Hierbei stammt also von jedem Partner eine Erbinformation.
Eine Ausnahme hiervon stellen die Geschlechtschromosomen der Täubin dar. Hier gibt es ein Chromosom mit Erbinformationen (X-Chromosom) und ein genarmes Chromosom (Y-Chromosom), welches keine Erbinformationen enthält.
Wenn eine Erbinformation auf den Geschlechtschromosomen liegt, sprechen wir von einer geschlechtsgebundenen Vererbung. Diese wird später anhand der Grundfarbe exemplarisch behandelt.

Ausnahmen sind hier die Ei- und Samenzellen. Sie haben keinen doppelten, sondern nur eine einfachen Chromosomensatz. Sie entstehen durch Zellteilung (Meiose). Dadurch entstehen aus einer Zelle mit einem doppelten Chromosomensatz zwei eigenständige Zellen, die jeweils nur einen Chromosomensatz besitzen.
Wie sich diese Verschmelzung der Erbinformationen auf das Aussehen auswirkt, entscheidet der Erbgang.
In der Genetik wird zwischen dominant-rezessiver und intermediärer Vererbung unterschieden. Beide Varianten sind von Bedeutung, wenn unterschiedliches Erbgut vorliegt (Kreuzungen). Beim dominant-rezessiven Erbgang setzt sich allein das dominante Gen im Erscheinungsbild (im Phänotyp) durch. Bei intermediärer Vererbung hingegen kommt es zu einer gemischten Merkmalsausprägung, die von beiden Genen beeinflusst wird. Eine Pflanze mit Erbinformationen sowohl für rote als auch für weiße Blüten hätte demnach bei intermediärem Erbgang rosa Blüten und beim dominant-rezessiven Erbgang rote Blüten, wenn die Farbe Rot dominant ist.

Im Folgenden wollen wir uns schwerpunktmäßig mit dem dominant-rezessiven Erbgang beschäftigen, da Grundfarbe und Flügelschildzeichnung nach dieser Regel vererbt werden.

Dominant-rezessiver Erbgang

Bei der dominant-rezessiven Form der Vererbung setzt sich das dominante Gen gegenüber dem rezessiven Gen durch. Die Flügelschildzeichnung der Tauben wird zum Beispiel dominant-rezessiv vererbt, wobei das Gen für „gehämmert“ dominant und das Gen für „bindig“ rezessiv ist. Bekommt ein Jungtier von einem Elternteil die Erbinformation für „bindig“ und vom anderen die für „gehämmert“, so wird es „gehämmert“ sein. Die Erbinformation für das rezessive Gen („bindig“) bleibt jedoch verdeckt erhalten und kann an die nächste Generation weitergegeben werden. Diese Tatsache bewirkt, dass unsere Tauben andere Farben oder Zeichnungen vererben können, als sie äußerlich zeigen.

WICHTIGER GRUNDSATZ

Nur rezessive Merkmale können verdeckt getragen und weitervererbt werden. Aus zwei hohlblauen Tieren kann niemals ein Gehämmerter fallen, es sei denn, der Zellennachbar hat mitgemischt.

Färbungen unserer Tauben

Die Färbungen unserer Tauben entstehen im Wesentlichen durch die beiden Erbfaktoren

- Grundfarbe und
- Zeichnung (des Flügelschildes).

Hier handelt es sich um zwei unabhängige Gene, welche getrennt voneinander vererbt werden.

Grundfarbe

In der Welt der Haustauben gibt es drei Grundfarben.

- Brieftaubenrot
- Blau (schwarzes Pigment)
- Braun

Die Darstellung entspricht der Reihenfolge der Dominanz von oben nach unten. Bei diesem Gen haben wir die Besonderheit, dass das Merkmal für Grundfarbe auf dem Geschlechtschromosom sitzt. Das bedeutet, dass der Täuber dieses Merkmal doppelt und die Täubin nur einfach weitervererbt.

Kreuzung verschiedener Grundfarben – unabhängig von der Zeichnung

Vater		**Mutter**		**Nachzucht**			
1,0	**Gen**	**0,1**	**Gen**				**Gene**
Brieftaubenrot	**BA**	**Blau**	**s**	**Brieftaubenrot**	**1,0**	**spalterbig**	**BA s**
	BA		**y**	**Brieftaubenrot**	**0,1**	**reinerbig**	**BA y**
Blau	**s**	**Brieftaubenrot**	**BA**	**Brieftaubenrot**	**1,0**	**spalterbig**	**s BA**
	s		**y**	**Blau**	**0,1**	**reinerbig**	**S y**
Brieftaubenrot	**BA**	**Braun**	**b**	**Brieftaubenrot**	**1,0**	**spalterbig**	**BA b**
	BA		**y**	**Brieftaubenrot**	**0,1**	**reinerbig**	**BA y**
braun	**b**	**Brieftaubenrot**	**BA**	**Brieftaubenrot**	**1,0**	**spalterbig**	**b BA**
	b		**y**	**Braun**	**0,1**	**reinerbig**	**B y**
Blau	**S**	**Braun**	**b**	**Blau**	**1,0**	**spalterbig**	**S b**
	S		**y**	**Blau**	**0,1**	**reinerbig**	**S y**
Braun	**b**	**Blau**	**S**	**Blau**	**1,0**	**spalterbig**	**S b**
	b		**y**	**Braun**	**0,1**	**reinerbig**	**B y**

Die Groß- und Kleinschreibung der Gen-Kürzel zeigt die Dominanz gegenüber der Grundfarbe des Partners.

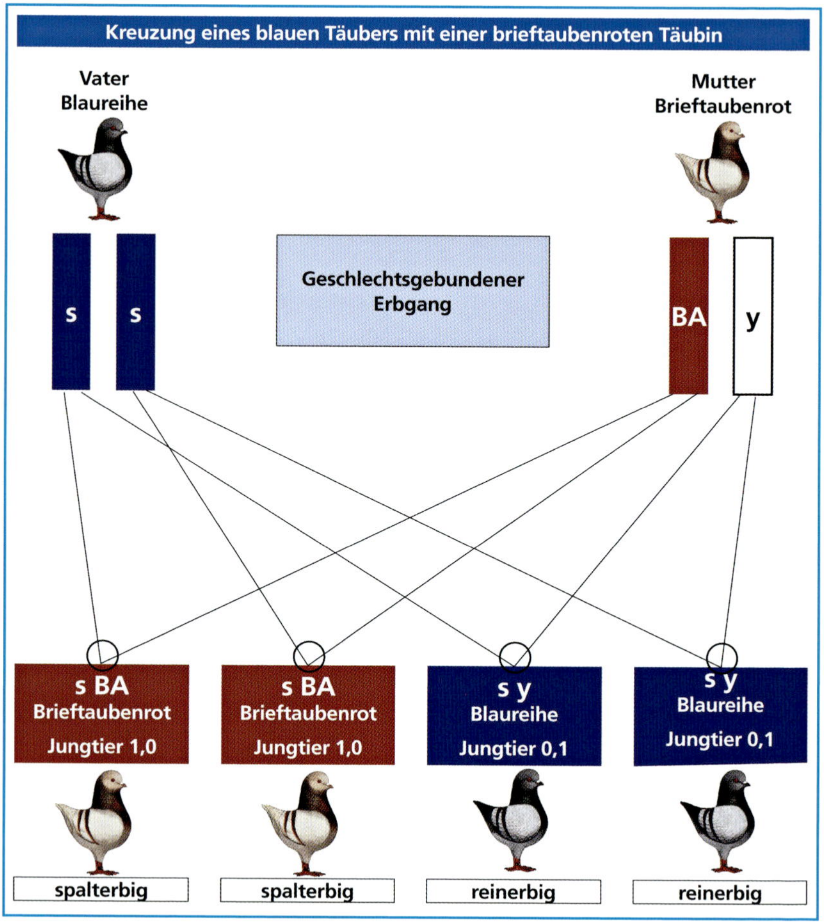

Durch diese Tatsache ist eine Täubin immer reinerbig bezüglich der Grundfarbe. Die beiden Grafiken verdeutlichen Beispiele für die Vererbung der Grundfarbe.

Zeichnungen des Flügelschilds

Wir reden bei unseren King von vier genetischen Arten der Zeichnung (dargestellt in der Reihenfolge der Dominanz):

- Dunkelgehämmert
- Gehämmert
- Bindig
- Ohne Binden

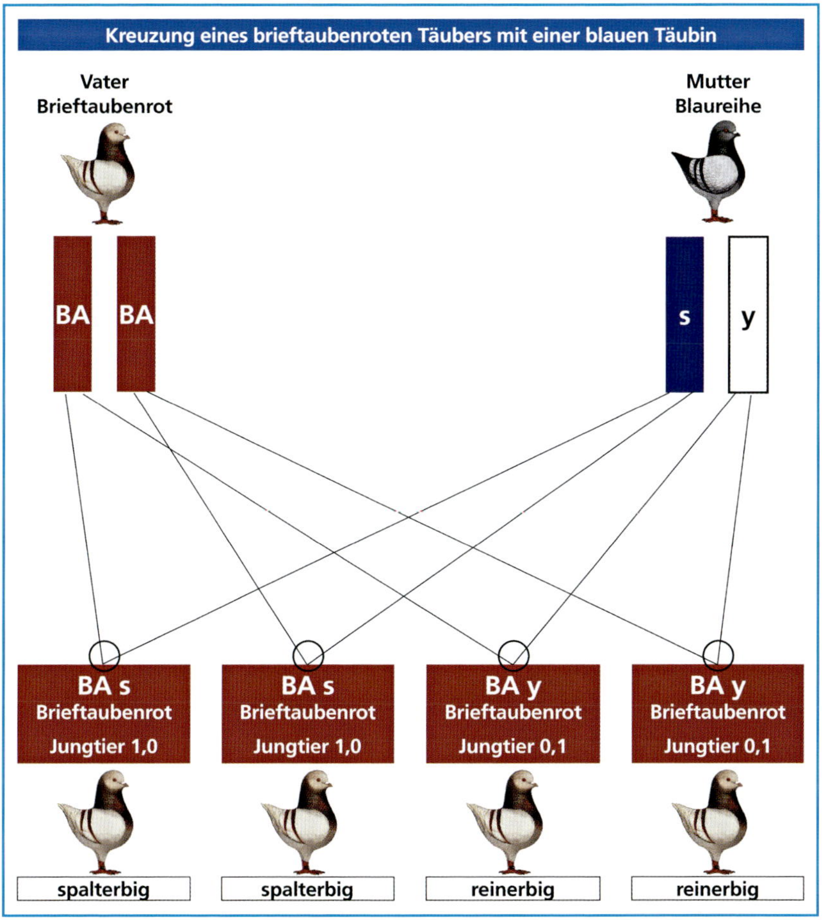

Dominant Rot/Gelb und Dunkel sind genetisch als Dunkelgehämmerte zu betrachten. Kreuzt man Tiere dieser Zeichnungsarten, sieht es etwas anders aus als bei der Grundfarbe. Die Zeichnung liegt nicht auf dem Geschlechtschromosom und wird von beiden Geschlechtern gleichförmig vererbt. Alle Nachzuchttiere bei Kreuzungen sind spalterbig in der Zeichnung. Dies ist der Grund, weshalb eine Täubin bezüglich Zeichnung genauso spalterbig sein kann wie ein Täuber.
Wenn man sehen will, wie sich die verschiedenen Farbenschläge bei Kreuzung verhalten, kann man die beiden auf Seite 155 und 158 aufgeführten Tabellen (Zeichnung und Grundfarbe) kombinieren. Dabei sollte man aber beachten, dass diese beiden Merkmale unabhängig voneinander vererbt werden.

Vater		Mutter		Nachzucht	
1,0	**Gen**	**0,1**	**Gen**		**Gene**
Dunkelgehämmert	**CT**	Gehämmert	**C**	Dunkelgehämmert	**CT, C**
Dunkelgehämmert	**CT**	Bindig	**+**	Dunkelgehämmert	**CT, +**
Dunkelgehämmert	**CT**	Ohne Binden	**c**	Dunkelgehämmert	**CT, c**
Gehämmert	**C**	Bindig	**+**	Gehämmert	**C, +**
Gehämmert	**C**	Ohne Binden	**c**	Gehämmert	**C, c**
Bindig	**+**	Ohne Binden	c	Bindig	**+, c**

Beispiel: Ein blaugehämmertes Tier kann seine Zeichnung auf ein Braunfahles übertragen, sodass Braunfahlgehämmert entsteht.

Farbenschläge, die durch weitere Erbfaktoren erzeugt werden

Ausbreitungsfaktor (S)

Beim Farbenschlag Schwarz handelt es sich um blaugrundige Tauben, die zusätzlich einen weiteren nicht geschlechtsgebundenen Erbfaktor tragen – den Ausbreitungsfaktor. Dieser Faktor bewirkt, dass sich die Farbe der Schwanzbinde auf das gesamte Gefieder ausbreitet. Er ist dominant, das heißt, spalterbige Tiere, die diesen Faktor nur einfach tragen, erscheinen schwarz.
In der braunen Farbreihe entstehen die einfarbig Braunen und bei den Brieftaubenroten bekommen wir die Farbe Lavendel (Aschfahl ohne Binden).

Kreuzung eines reinerbig Schwarzen mit einer Blaugrundigen

Vater		Mutter		Nachzucht	
1,0	**Gen**	**0,1**	**Gen**		**Gene**
Schwarz	**S S**	Blau (Zeichnung egal)	- -	Schwarz	S -

Kreuzung der spalterbigen Jungtiere (F1) untereinander

Vater		Mutter		Nachzucht		
1,0	**Gen**	**0,1**	**Gen**		**Gene**	
Schwarz	S -	Schwarz	S -	Schwarz	S S	reinerbig
				Schwarz	S -	spalterbig
				Schwarz	S -	spalterbig
				Blaugrundig	- -	reinerbig

Indigofaktor, auch Andalusier (In)

Bei diesem Faktor handelt es sich um einen nicht geschlechtsgebundenen Erbfaktor, welcher bei den blaugrundigen Tieren die Zeichnung und die Grundfarbe aufhellt. Die Zeichnung des Flügelschilds wird kastanienbraun und die Schwanzbinde wirkt stark ausgebleicht.

Die gewünschte Färbung tritt bei Spalterbigkeit auf. Dadurch entstehen die Indigo mit Binden, Indigogehämmerten und die Indigo-Dunkelgehämmerten. Kommt noch der Ausbreitungsfaktor hinzu (Schwarz), entstehen die Andalusier. Diese Tiere können problemlos mit blaugrundigen King gekreuzt werden.

Tiere, die den Erbfaktor einfach tragen, sind Indigo/Andalusier. Tiere, die den Faktor nicht tragen, behalten ihre ursprüngliche Färbung. Wenn der Faktor doppelt vorhanden ist, entstehen die reinerbigen Indigo oder Andalusier – diese sind bei uns für Ausstellungen zurzeit nicht zugelassen.

In unserem Rassetaubenstandard sind bei den King nur blaugrundige Indigo/Andalusier anerkannt.

Bei Kreuzung reinerbiger blaugrundiger Tiere mit spalterbigen Indigo/Andalusiern spaltet die Nachzucht 50 : 50 auf. Die Vererbung erfolgt unabhängig vom Geschlecht.

Vater		Mutter		Nachzucht		
1,0	**Gen**	**0,1**	**Gen**		**Gene**	
Schwarz Blau	In – In –	Schwarz Blau	- - - -	Andalusier Indigo	In – In –	spalterbig
				Schwarz Blau	- - - -	reinerbig
				Andalusier Indigo	In – In –	spalterbig
				Schwarz Blau	- - - -	reinerbig

Schimmelfaktor (G)

Der Schimmelfaktor bewirkt eine frostige Aufhellung des Gefieders mit Ausnahme der Bindenzeichnung. Bei ihm handelt es sich auch um ein dominantes Gen, welches nicht geschlechtsgebunden vererbt wird. Die richtige Schimmelfärbung erhalten wir, wenn die Tiere spalterbig sind. Reinerbige Schimmel erscheinen meist zu hell. Hier gelten dieselben Gesetzmäßigkeiten wie beim Indigofaktor. Wenn man spalterbige Schimmel mit Tieren kreuzt, die diesen Faktor nicht tragen, spaltet die Nachzucht 50 : 50 auf.

Beispiele für die Paarung zur Erzielung von Ausstellungsschimmeln (dasselbe gilt auch für den Indigofaktor)
Für den typischen Ausstellungsschimmel mit dem Faktor G kann man folgende Paarungshinweise festhalten:

- Schimmel (mischerbig) x Blau mit Binden: 50 % der Jungtiere sind gut gefärbte Schimmel (mischerbig) und 50 % sind Blaue mit Binden.
- Mischerbige Schimmel untereinander verpaart ergeben 50 % Ausstellungsschimmel (mischerbig), 25 % helle Schimmel (reinerbig), die in der Regel zu hell für die Ausstellung sind, und 25 % Blaue mit Binden.
- Heller Schimmel (reinerbig) x Blau mit Binden: Aus dieser Paarung wird man nur Ausstellungsschimmel (mischerbig) ziehen. Wenn man bezüglich der Färbung möglichst viele brauchbare Tiere ziehen möchte, ist dies die beste Paarungsvariante.
- Reinerbige Schimmel (hell) an mischerbige Schimmel (Ausstellungsschimmel) gepaart ergeben 50 % Ausstellungsschimmel (mischerbig) und 50 % helle Schimmel (spalterbig).

Fazit
Kreuzt man Tiere, die ein dominantes Merkmal doppelt tragen (reinerbige), mit Tieren, welche dieses Merkmal nicht tragen, erhält man in der Nachzucht zu 100 % spalterbige Tiere, also Schimmel/Indigo in der Ausprägung, wie wir sie wünschen. Die oben erwähnten Beispiele für die Vererbung des Schimmelfaktors gelten unabhängig von der Grundfarbe, also auch für Braunfahl und Rotfahl und deren verdünnte Farben.

Das Gleiche gilt auch grundsätzlich für die Zucht von Tigern.

Tigerschimmel (G^T)
Bei unseren King sind die Tiger stark verbreitet. Der Erbfaktor G^T (tiger grizzle) kann als eigenständige Variante der Schimmelzeichnung betrachtet werden. Hier werden die Jungtiere häufig erst nach der Mauser getigert. Das Besondere an diesem Faktor ist, dass die Federn komplett weiß werden und nicht nur schimmelig aufgehellt. Er wirkt deshalb auch bei Tieren mit Ausbreitungsfaktor sowie bei Rezessiv Rot und Gelb. Schwarze, Braune und Blaue zeigen meistens im Nest schon ein paar weiße Federn, während die Rezessiv Roten und Gelben oft ganz einfarbig sind und die weißen Federpartien erst später ausmausern.
Tiger neigen auch dazu, nach jeder jährlichen Mauser immer heller zu werden. Für Ausstellungen unterscheidet man Tiger mit farbigen Handschwingen und farbigem Schwanz und Schecken, die in Schwingen und Schwanz farbige und weiße Federn

möglichst abwechselnd zeigen sollen. Genetisch dürfte es sich um denselben Erbfaktor nur mit unterschiedlicher Ausprägung handeln.

Verdünnungsfaktor (d)

Dieses Gen liegt wie die Grundfarbe auf dem Geschlechtschromosom, es liegt also ebenfalls ein geschlechtsgebundener Erbgang vor. Der Verdünnungsfaktor wirkt, wie der Name schon sagt, aufhellend auf die Grundfarbe. Es handelt sich um ein rezessives Merkmal, welches bei männlichen Tieren doppelt und bei weiblichen Tie-

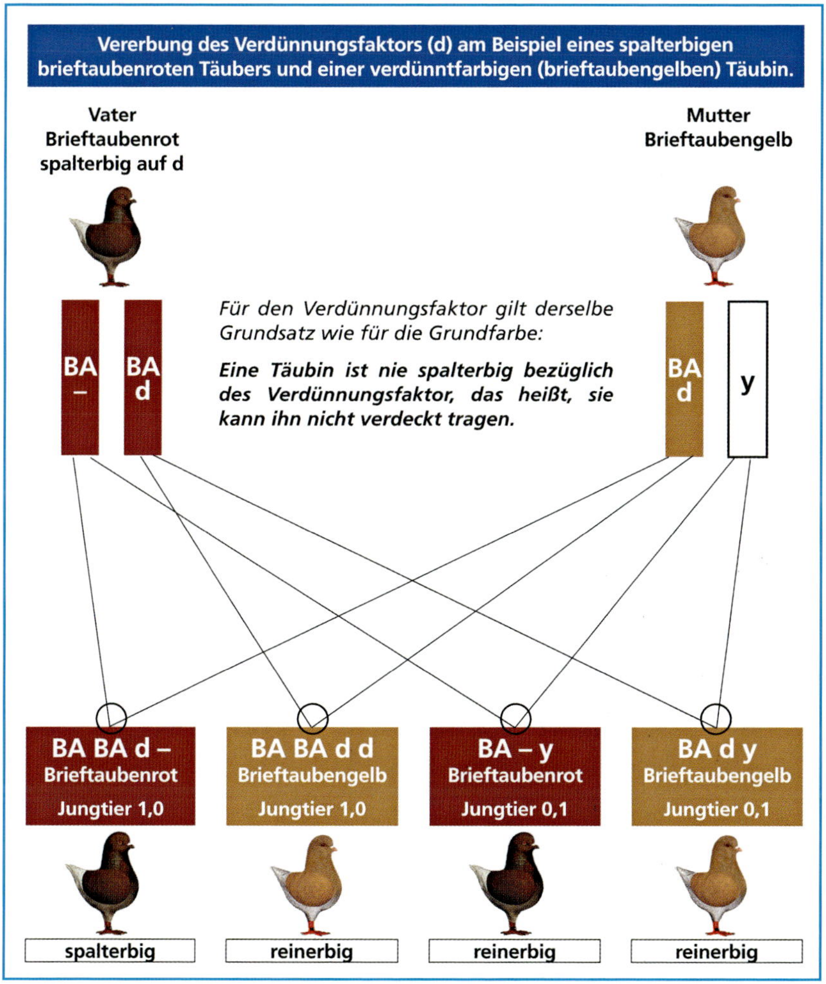

ren einfach vorliegen muss, um sich im Aussehen (Phänotyp) auszuwirken. Dieser Faktor ist für folgende anerkannte Farbenschläge verantwortlich: Brieftaubengelbe Reihe, Blaufahle Reihe, Khaki-Reihe, Rezessiv Gelb, Dunfarbig.
Die nachfolgenden Tabellen zeigen nun zusammenfassend alle Farbenschläge, die beim King durch die Kombination von Grundfarbe, Zeichnung, Ausbreitungsfaktor und Verdünnungsfaktor vorkommen können. Aus Gründen der Übersichtlichkeit habe ich weitere Faktoren wie zum Beispiel für Indigo (Andalusier) Schimmel usw. außer Acht gelassen.

Grundfarbe	Zeichung	Ausbreitungs-faktor	Verdünnungs-faktor	Erscheinungsbild
Brief-taubenrot	ohne Binden	–	–	fahl ohne Binden
	ohne Binden	–	✖	gelbfahl ohne Binden
	ohne Binden	✖	–	fahl ohne Binden
	ohne Binden	✖	✖	fahl ohne Binden (hell)
	bindig	–	–	rotfahl
	bindig	–	✖	gelbfahl
	bindig	✖	–	fahl ohne Binden
	bindig	✖	✖	fahl ohne Binden (hell)
	gehämmert	–	–	rotfahlgehämmert
	gehämmert	–	✖	gelfahlgehämmert
	gehämmert	✖	-	fahl ohne Binden
	gehämmert	✖	✖	fahl ohne Binden (hell)
	dunkelgehämmert	–	–	rotfahldunkelgeh./dominantrot
	dunkelgehämmert	–	✖	gelbfahldunkelgeh./dominantgelb
	dunkelgehämmert	✖	–	fahl ohne Binden
	dunkelgehämmert	✖	✖	fahl ohne Binden (hell)
Blau 	ohne Binden	–	–	blau ohne Binden
	ohne Binden	–	✖	blaufahl ohne Binden
	ohne Binden	✖	–	schwarz (hell)
	ohne Binden	✖	✖	dun
	bindig	–	–	blau m. s. Binden
	bindig	–	✖	blaufahl mit Binden
	bindig	✖	–	schwarz (hell)
	bindig	✖	✖	dun

Grundfarbe	Zeichung	Ausbreitungs-faktor	Verdünnungs-faktor	Erscheinungsbild
	gehämmert	–	–	blaugehämmert
	gehämmert	–	✖	blaufahlgehämmert
	gehämmert	✖	-	schwarz
	gehämmert	✖	✖	dun
	dunkelgehämmert	–	–	blau-dunkelgehämmert
	dunkelgehämmert	–	✖	blaufahl-dunkelgehämmert
	dunkelgehämmert	✖	–	schwarz
	dunkelgehämmert	✖	✖	dun
Braun	ohne Binden	–	–	braunfahl ohne Binden
	ohne Binden	–	✖	khakifahl ohne Binden
	ohne Binden	✖	–	braun (hell)
	ohne Binden	✖	✖	khaki
	bindig	–	–	braunfahl
	bindig	–	✖	khakifahl
	bindig	✖	–	braun (hell)
	bindig	✖	✖	khaki
	gehämmert	–	–	braunfahlgehämmert
	gehämmert	–	✖	khakifahlgehämmert
	gehämmert	✖	–	braun
	gehämmert	✖	✖	khaki
	dunkelgehämmert	–	–	braunfahl-dunkelgehämmert
	dunkelgehämmert	–	✖	khakifahl-dunkelgehämmert
	dunkelgehämmert	✖	–	braun
	dunkelgehämmert	✖	✖	khaki

Rezessiv Rot (e)

Dieser Faktor verdeckt ähnlich wie der Ausbreitungsfaktor jegliche Zeichnung, nur mit dem Unterschied, dass er doppelt vorhanden sein muss, weil er rezessiv ist, das heißt, er wirkt nur in Reinerbigkeit (ee).

Ein weiterer Unterschied zum Ausbreitungsfaktor ist die Überdeckung der Grundfarbe, ja sogar der Ausbreitungsfaktor wird überdeckt. Das bedeutet, dass das Gen e, wenn es doppelt vorhanden ist, die rezessiv rote Färbung hervorruft, unabhängig davon, welche Grundfarbe und Zeichnung darunter liegt. Ohne Kenntnis der

Abstammung lässt sich deshalb nicht sagen, was bei Kreuzungen mit anderen Farbenschlägen herauskommt.
Das Gen e bewirkt weiterhin eine Aufhellung der Schnabelfarbe. Erfahrungsgemäß wird die rote Farbe am schönsten und besonders gleichmäßig, wenn der Ausbreitungsfaktor (A) für Farbe zusätzlich vorhanden ist.
Der Verdünnungsfaktor wirkt auch bei diesem Gen und bewirkt eine Aufhellung der Farbe zu Rezessiv Gelb.

Vielfarbig
Die Farbe Vielfarbig wird durch den Almondfaktor erzeugt. Er war bisher am bekanntesten bei den Englischen Kurzschnäblern (Short Faced). Aber auch bei den Englischen Modena und den Deutschen Modenesern wird dieser Farbenschlag unter der Farbreihe Magnani geführt. Bei den King wird er unter Vielfarbig geführt.
Für eine typische Almondfärbung, wie sie bei den Englischen Kurzschnäblern verlangt wird, ist auf Grundlage des schwarzen Pigments mit der Zeichnung Dunkelgehämmert das Vorhandensein weiterer Erbfaktoren wie Almond, e für Tümmlerrot, Schimmelfaktor und Bronzefaktor erforderlich.
Almond ist auf dem Geschlechtschromosom angesiedelt und dominant. Die Schwierigkeit in der Zucht besteht darin, dass reinerbige Almondtäuber in der Regel kaum lebensfähig sind, da sie Sehdefekte aufweisen. Deshalb darf dieser Farbenschlag nicht rein gezüchtet werden.
Die für die Zucht erforderlichen „Nebenfarben" sind Kites und Agate.

Kites sind braunschwarze Tiere mit Bronzeglanz an der Brust, in den Schwingen und im Schwanz. Genetisch handelt es sich um blau-dunkelgehämmerte Tiere mit Bronzefaktor. Wenn der Schimmelfaktor noch vorhanden ist, treten einige weiße Federn im Kopfbereich auf. Die sogenannten **Golddun** sind verdünntfarbene Kites. Wenn dann der Faktor Rezessiv Rot noch in Reinerbigkeit dazu kommt, entstehen die roten **Agate** bzw. mit zusätzlichem Verdünnungsfaktor die gelben Agate. Hierbei handelt es sich im Aussehen um rezessiv rote oder gelbe Tiere mit mehr oder weniger weißen Einlagerungen.
De Roy liegt farblich zwischen Rot und Gelb und weist am Hals meistens einige dunkle Federn auf. Es handelt sich hier um Agate mit Almondfaktor.
Agates und Kites sind Nebenfarben ohne Almondfaktor, die für die Zucht der Vielfarbigen unentbehrlich sind. Um zu vermeiden, dass der Almondfaktor reinerbig auftritt und bei den männlichen Tieren zur Letalität führt, sollte man Almond oder De Roy mit Agate bzw. Kite verpaaren. Vor der häufigen Verwendung verdünntfarbener Kites oder Agates sei gewarnt, da die Verbindung von Verdünnungsfaktor und Almond die Lebenskraft schwächen kann.

Erbfaktoren, die Farbe und Zeichnung beeinflussen, ohne neue Farbenschläge zu bilden

Dirty (Verdunklungs- oder Schmutzfaktor)

Dirty bewirkt eine starke Verdunklung des Gefieders und der Schnabelfarbe. Jungtiere zeigen auch eine dunklere Beinfarbe, die sich meist nach der Jugendmauser wieder rot färbt. Bei blauen Tieren erscheint das Gefieder dunkelblau mit meist farbigem Rücken. Bei den Tümmlern ist diese Farbe auch als Stockblau bekannt.
Der Dirty-Faktor wird dominant und nicht geschlechtsgebunden vererbt, das heißt, er wirkt bereits verdunkelnd auf die Farbe, wenn er einfach, also spalterbig vorhanden ist. Bei der Zucht der Schwarzen macht man sich diesen Faktor zunutze, da diese Tiere besonders intensiv gefärbt sind.
Der Verdunklungseffekt kann bei verschiedenen Rassen oder auch innerhalb derselben Rasse unterschiedlich intensiv sein.

Sooty (Verrußt)

Dieser nicht geschlechtsgebundene Faktor kann in unterschiedlicher Ausprägung auftreten. Er fällt hauptsächlich bei Bindigen und Hohligen unliebsam auf, weil er die Schildfarbe verunreinigt. Sooty hat Ähnlichkeit mit einer Zeichnung. Manche zeigen dunkle Flecken auf dem Flügelschild, während andere nur gepfeffert sind. Die Farbeinlagerungen sind jedoch nicht so ausgeprägt und regelmäßig wie bei einer Hämmerung und befinden sich nicht an den Seiten der Federfahnen, sondern in der Federmitte.
Man kann den Sooty-Faktor durch Zuchtauswahl leicht ausmerzen. Wenn man ihn bei Bindigen oder Hohligen im Phänotyp nicht mehr sieht, ist er auch im Genotyp nicht mehr vorhanden. Man kann aber auch Überraschungen erleben. Wenn man zum Beispiel Gehämmerte einkreuzt, kann dieser Faktor in späteren Gene-

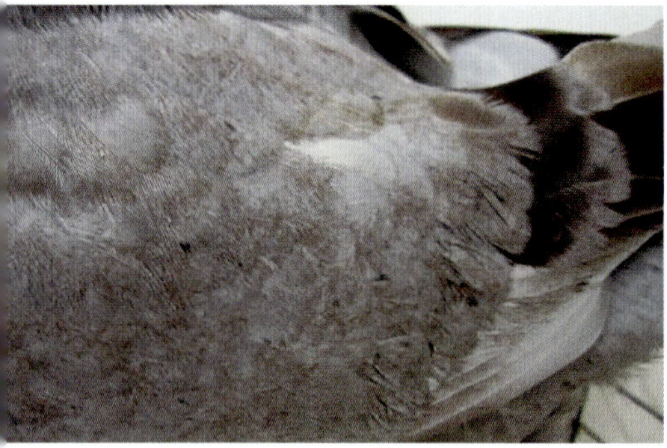

rationen bei den Bindigen wieder sichtbar werden. Bei Gehämmerten und Dunkelgehämmerten sowie bei Tieren mit Ausbreitungsfaktor fällt der Sooty-Faktor nicht auf, da die Zeichnung ihn überdeckt. Deshalb merkt man hier oft nicht, dass er vorhanden ist.

Während er bei Bindigen und Hohligen unerwünscht ist, wirkt er bei den dunkler Gezeichneten oder Tieren mit Ausbreitungsfaktor farbintensivierend. Auch Rezessiv Rote sollen durch ihn satter gefärbt sein. Bei unseren King ist dieser Faktor vereinzelt bei den Blauen mit schwarzen Binden vorhanden, wo er aber von der mengenmäßigen Verbreitung her nicht problematisch ist. Bei den Rotfahlen tritt er in größerem Ausmaß auf und ist äußerst störend in der Schildfarbe. Ich denke, dass die Rotfahlgehämmerten, Rotfahl-Dunkelgehämmerten und Dominant Roten diesen Faktor vermehrt tragen und ihn durch Einkreuzungen immer wieder auf die Rotfahlen übertragen.
Um aus dieser Misere in der Zucht der Rotfahlen herauszukommen, hilft nur gnadenloses Ausmerzen oder die Verwendung von Sooty tragenden Tieren in anderen Farbenschlägen, wo dieser Faktor nicht stört.

Einkreuzung von farbigen Tieren in den weißen Farbenschlag

Noch kurz möchte ich auf die Möglichkeit der Einkreuzung von farbigen Tieren in die weißen Kings eingehen.
Dunkeläugige weiße Tiere werden durch reinerbiges Vorhandensein des Faktors Rezessiv Weiß hervorgerufen. Dieser Faktor überdeckt jeden anderen Farbenschlag, das heißt, unter ihrem weißen Kleid können diese Tiere die unterschiedlichsten Farbenschläge tragen, ohne dass es die Zucht weißer Tiere beeinflusst.
Infolgedessen ist es völlig egal, welchen Farbenschlag man zur Verbesserung der weißen Kingtauben einkreuzt. Da durch die Einkreuzung der Typ der weißen King verbessert werden soll, ist nur wichtig, dass das typvollste farbige Tier zur Einkreuzung verwendet wird. Dabei spielt es auch keine Rolle, ob es sich um einen Täuber oder eine Täubin handelt, da der Faktor Rezessiv Weiß nicht geschlechtsgebunden vererbt wird. Es sollte also das bestmögliche weiße mit einem bestmöglichen farbigen Tier verpaart werden. Die Nachzucht daraus wird im Normalfall komplett farbig sein; es werden also keine dunkeläugigen weißen Tiere darunter sein. Diese F1-Nachzucht kann die unterschiedlichsten Farbenschläge haben. Dies spielt auch keine Rolle, denn alle F1-Tiere sind sicher mischerbig für Rezessiv Weiß.

Mit diesen F1-Tieren kann man nun in zwei Richtungen weiter vorgehen. Einerseits kann man sie an weiße Tiere zurückpaaren, woraus dann rein theoretisch schon 50 % weiße Nachzucht fallen muss, die dann allerdings sicher nicht von so hoher Qualität sein dürfte wie die F1-Tiere.
Der zur Typverbesserung bessere Weg ist, die F1-Tiere untereinander zu verpaaren. Aus dieser Verpaarung sollten dann 25 % der Nachzucht rezessiv weiß sein. Der Anteil an rezessiv weißer Nachzucht ist hier zwar geringer, aber die Qualität dürfte im Vergleich zur ersten Verpaarungsmöglichkeit im Normalfall besser sein, das heißt näher an der Typqualität des farbigen Ursprungtieres liegen.
Wenn man das Ganze weiterspinnen möchte, kann man die rezessiv weißen (dunkeläugigen) Nachzuchttiere aus den letzten beiden genannten Verpaarungen wieder an sehr typvolle farbige Tiere setzen und das Spiel von vorne beginnen. Man überträgt so nach und nach den weißen Farbenschlag bzw. den dafür verantwortlichen Faktor auf den besseren Kingtyp.
Es scheint im Allgemeinen sehr sinnvoll zu sein, bei rezessiv weißen Tieren immer wieder sehr gute farbige Tiere einzukreuzen, da dies durch den Heterosiseffekt (das Zusammentreffen zweier völlig fremder Linien und die daraus resultierende Steigerung in jeder Hinsicht) nicht nur dazu führt, dass die Merkmale aus Sicht des Standards verbessert werden, sondern dass dadurch auch eine Vitalitätssteigerung einsetzt.
Wie erwähnt, kann man zu diesem Zweck jeden Farbenschlag und auch Tiere die als „Fehlfarben" tituliert werden, verwenden, ohne dass dadurch der weiße Farbenschlag in seinem Erscheinungsbild farblich negativ beeinflusst. wird.
Ich möchte dabei aber nicht verhehlen, dass Einkreuzungen in den weißen Farbenschlag Probleme mit dem roten Augenrand nach sich ziehen können. Diese Zeit muss man natürlich durchstehen, ohne den verbesserten Typ wieder zu verlieren. Insider berichten, dass diese Probleme weit geringer ausfallen, wenn man Farbige mit ganz satt gefärbten Augenrändern verwendet oder gar durch einen Glücksfall Farbige mit roten Rändern hat.
Wie man jedoch sieht, haben auch bei diesem Vorhaben die Götter den Schweiß vor den Erfolg gestellt.

Der KCD und die Zukunft der Kingtaube

(Text von Andreas Gehrmann)

Wie lässt sich in der heutigen Zeit unser anspruchsvolles Hobby mit der Familie und dem Beruf in Einklang bringen? Auch der KIng-Club Deutschland ist inzwischen in die Jahre kommen und der Mitgliederschwund lässt sich leider auch in unseren Reihen nicht aufhalten. Wir konnten zwar in den letzten Jahren junge Züchter für unsere Sache gewinnen, aber die altersbedingten Abgänge sind größer als die Neuzugänge. Ziel eines der immer noch größten Sondervereine im Verband Deutscher Rassetaubenzüchter muss es sein, die noch aktiven Mitglieder und alle, die es werden wollen, zu begeistern und zu motivieren.

Der King-Club Deutschland ist in neun Bezirke aufgeteilt, um die Mitgliederbetreuung möglichst ortsnah gewährleisten zu können – mehr erfahren Sie immer aktuell auf der Homepage des KCD.

Wie ist der KCD auf die Zukunft vorbereitet?

Mehr denn je ist der Sonderverein mit seinen Verantwortlichen gefordert, die Kingtaubenzucht zusammen mit seinen Mitgliedern und Liebhabern so zu fördern, dass es gelingt, den derzeitigen Europastandard für Kingtauben umzusetzen. In der heutigen Zeit ist es genauso wichtig, über Tierschutzgesetze und Haltungsbedingungen zu informieren wie züchterische Fortschritte zu erzielen, um unser Hobby in der Öffentlichkeit ins rechte Licht zu rücken. Vitalität, Zuchtfreudigkeit, Charakterstärke und die Erhaltung typischer Rassemerkmale müssen im Vordergrund stehen.

Informationsquellen wie das **Internet** sind heutzutage wichtige Foren zum weltweiten Austausch von Zuchtinformationen. Unsere vielen neuen Farbenschläge fanden oft neue Liebhaber oder Umsteiger aus anderen Rassen, die in der Vergangenheit jedoch häufig wegen nicht ausreichender Zuchtinformationen wieder aufgegeben haben.

Die letzten Jahre haben gezeigt, dass unser jährliches **Kingjournal** die wichtigste Informationsquelle für unsere Mitglieder und Züchter geworden ist. Berichte unserer Zuchtwarte über den richtigen Kingtyp und Ansatzpunkte zur Verbesserung der Hauptrassemerkmale sowie Vererbung der Farben helfen den Züchtern seit Jahren weiterzukommen.
Die vielen Farbenschläge haben die Zucht nicht einfacher gemacht. Hat sich der Kingtyp seit Jahren weiterentwickelt und sich weltweit einen Namen gemacht, so bleibt die Reinerbigkeit der Farbenschläge auf der Strecke. Die Farbkreuzungen haben uns im Typ wesentlich weiter gebracht. Um jedoch die Farbvielfalt zu beherrschen, ist eine ausführliche Information über **Farbgenetik** besonders wichtig.

Unterschiedliche Auffassungen und Bewertungen führen zu Irritationen der Züchter. Um diese auszuschalten, ist es notwendig, dass **Preis- und Sonderrichter** so geschult werden, dass der gültige Standard auf Sonderschauen einheitlich umgesetzt und optimal angewendet wird. Erläuterungen der Bewertung und öffentliche Diskussionen mit den Zuchtwarten an den Spitzentieren oder auf den Jungtierbesprechungen mit teilweise von den Züchtern gewünschten Tieren, werden helfen, diese Irritationen und unterschiedlichen Auffassungen zu beseitigen, um einen einheitlichen Kingtyp zu fördern.

Die Spitzentiere bilden bereits seit Jahren ein einheitliches Bild. Die meisten Diskussionen gibt es bei Tieren mit einer Bewertung zwischen 92 bis 95 Punkten. **Sachlichkeit** und **Fachverstand** waren und sind in Zukunft an dieser Stelle gefragt, um die betroffenen Zuchten an die Spitzentiere heranzuführen.

Zuchtausschuss und Zuchtwarte sind gefordert, durch klare Vorgaben und Einsatz von geschulten Preisrichtern eine möglichst einheitliche **Bewertung** zu erzielen. Der Zuchtausschuss in seiner jetzigen Zusammensetzung aus dem 1. Vorsitzenden, 2. Vorsitzenden, 1. und 2. Zuchtwart des Hauptvereins sowie den neun Bezirkszuchtwarten ist meines Erachtens im King-Club die wichtigste Einrichtung für die Zukunft.
In ihm sollte der Grundstein für den einheitlichen Typ mit einer akzeptablen Farbe gelegt werden. Deshalb ist es erforderlich, dass die Mitglieder des Zuchtausschusses genetisches Fachwissen, züchterische Erfahrungen aus der Basis und das nötige Fingerspitzengefühl besitzen.
Bei allem Streben nach dem idealen Kingtyp dürfen die **Vitalität** und **Zuchtfreudigkeit** nicht vernachlässigt werden, denn was nützt uns der schönste einheitliche

Zuchtwart Siegfried Basmer demonstriert die Rassemerkmale am lebenden Tier.

King in Europa, wenn er trotz aller typhaften Aspekte seine Zuchtfreudigkeit verliert und sich kaum noch fortpflanzen kann. Nur wenn unsere Züchter an der Basis mit diesem Zuchtausschuss und den Zuchtwarten eng zusammenarbeiten, lassen sich diese Ziele verwirklichen, von denen wir heute noch ein Stück entfernt sind.
Den Zuchtwarten und Verantwortlichen in den Bezirken fallen in der heutigen Zeit durch hohe Benzin-, Hotel- und Versorgungskosten besondere Aufgaben zu. Viele Züchter können aus den besagten Gründen nicht mehr an den Großveranstaltungen teilnehmen und beschränken sich auf ihre Region – und genau dort muss das Geschriebene in Wort und Bild von den Bezirkszuchtwarten umgesetzt werden.

Doch nicht nur Verantwortliche, auch erfolgreiche Züchter können zur **Verbesserung der züchterischen Ziele** beitragen. Oft werden hier weniger versierte Züchter oder Anfänger falsch beraten und kaufen nicht so geeignetes Zuchtmaterial. Erfolgreiche Züchter sollten nicht nur Zuchttiere abgeben, sondern auch ihre Erfahrungen über Zucht und Haltung preisgeben und Anfänger unterstützen. Oft wird dieses vergessen und nur daran gedacht, Tiere zu verkaufen.
Leider gibt es auch übertrieben ehrgeizige Züchter in unseren Reihen, die allerlei erlaubte, aber auch unerlaubte Tricks anwenden, um die Tiere im Ausstellungskäfig schöner und eleganter aussehen zu lassen. Dieses sollte im Sinne unserer gemeinsamen Sache unterlassen werden, da es ausschließlich dazu dient, sich einen unlauteren Vorteil zu verschaffen und andere zu täuschen.

Aber nicht nur der Typ ist ein Ausdruck von Qualität. Auch auf Vitalität und Zuchtfreudigkeit, das höchste Gut einer Taubenrasse, sollte geachtet werden. Der King ist durchaus in der Lage, Nachzucht in ausreichender Menge selbst aufzuziehen. Es gibt genügend Zuchten, die auf diese **Merkmale** achten und ihre Tauben selbst züchten lassen. Käufer sollten schon berücksichtigen, welche Merkmale im Zuchtstamm des Verkäufers verankert sind. Ammentauben, die meines Erachtens nur der übermäßigen Vermehrung dienen, braucht ein guter Kingtaubenbestand nicht. Leider werden häufig sehr hohe **Preisvorstellungen** verallgemeinert und führen dazu, dass Anfänger sich anderen Rassen zuwenden oder etablierte Züchter den Kauf eines Tieres scheuen, obwohl sie ihre Zucht dadurch verbessern könnten. Man sollte vielleicht nicht immer die allererste Gelegenheit nutzen, sich ein Tier anzuschaffen. Die hohen Kaufpreise, die leider den Kingtauben oft nachgesagt werden, sind heute nicht mehr gegeben. Es gibt schon viele hochwertige Tauben zu erschwinglichen Preisen.

Der King-Club und insbesondere die Vorstandsmitglieder freuen sich über jeden Interessenten, der uns kontaktiert. Ihm wird die nötige Hilfestellung, um in seiner Zucht weiterzukommen, zuteil. Die **Beratung** durch einen befreundeten oder vertrauensvollen Züchter würde unter diesen Umständen vielleicht auch bei der Anschaffung eines Zuchttieres helfen. Das Grundprinzip unseres Sondervereins sollte sein, dass unsere Mitglieder sich untereinander mit ihren Erfahrungen weiterhelfen und ein reger **Austausch** von Zuchttieren zur Verbesserung und Angleichung des Typs in den verschiedenen Farbenschlägen führt. Der Erhalt der Vitalität und Zuchtfreudigkeit sichert darüber hinaus den Fortbestand der Rasse für die Zukunft.

Die mittlerweile guten und freundschaftlichen Kontakte zu unseren europäischen Nachbarn gilt es zu stabilisieren und auszubauen. Der europäische Gedanke wurde mit Einführung des **EE-Standards** gestärkt und gibt allen die gleiche Grundlage für eine gemeinsame Zuchtausrichtung. Diese Ausrichtung lässt sich allerdings nur umsetzen, wenn sich Züchter besuchen und austauschen, Züchter verschiedener Nationen auf den jeweiligen Hauptsonderschauen der Nationalen KIng-Clubs ausstellen, Preisrichter verschiedener Nationen auf den Hauptsonderschauen eingesetzt werden und die Umsetzung der EE-Standards in den jeweiligen Ländern auch gewollt ist.
Große Worte, die sich, wie es die letzten Jahre gezeigt haben, leicht umsetzen lassen, wenn man den Worten auch Taten folgen lässt. Ohne diese Freundschaften wäre eine derart schnelle Entwicklung des Kingtyps in Deutschland und Europa nicht möglich gewesen.
Schaut man sich Bilder auf der KCD-Homepage und auf privaten Internetseiten im In- und Ausland an, kann der Züchter und Kingtauben-Freund schon erkennen, dass die **Qualität** der Kingtauben in der Spitze immer dichter zusammengerückt ist. Das Internet ist in der heutigen Zeit als Informationsquelle nicht mehr wegzudenken. Leider sind nicht alle Aussagen bei den verschiedenen Anbietern von Kingtauben-Foren richtungsweisend. Eine Aktualisierung mit wichtigen Zuchtinformationen, ob auf der Homepage des KCD oder in Schrift und Bild, sollte daher immer höchste Priorität haben.

Trotz hervorragender Arbeit des King-Clubs in der Vergangenheit muss man auf Haupt- und Sonderschauen erkennen, dass nur wenige junge Züchter gewonnen werden konnten. Hier gilt es anzusetzen und gemäß dem Motto des King-Clubs Deutschland (KCD) „Kameradschaftlich – Creativ – Dynamisch“ weiterzuarbeiten.
Der King-Club mit seinen Mitgliedern und dem Vorstand ist sicher nicht in der Lage, den Lauf der Zeit zu stoppen, es sollte jedoch möglich sein, ihn so zu verändern, dass unser Hobby nicht ganz von der Bildfläche verschwindet.
Der King-Club versucht, seine Mitglieder und Kingtaubenfreunde zu fördern und möglichst umfassend zu informieren. Über einen relativ geringen, manche sagen lächerlich kleinen Mitgliedsbeitrag, jährlich so viele Informationen über die King zu erhalten, sollte für jeden Kingtaubenfreund ein Ansporn sein, im King-Club

Deutschland Mitglied zu werden. Die Informationen können allerdings nur so gut sein, wie die Ergebnisse sachlicher und fachlicher Diskussionen aller Beteiligten. Nur gemeinsam lässt sich die Zukunft erhalten und gestalten.

Die Bereitschaft, alle Verantwortlichen nach bestem Wissen und Gewissen zu unterstützen und selbst nach seinen Neigungen Verantwortung in führenden Positionen zu übernehmen, sollte Grundeinstellung eines jeden Mitglieds sein. Nur dieses kann und ist die Grundlage unseres Clubs und die Zukunft unserer Kingtaube.

Andreas Gehrmann
1. Vorsitzender King-Club Deutschland

Literaturverzeichnis

Fritz, Phillip und Semmler, Karl-Otto: **Dragoon.** Geschichte, Haltung, Zucht. ABT Print und Medien, Weinheim 2012.

Müller, Erich: **Das Kingtaubenbuch** – Monographie einer Taubenrasse. Oertel+Spörer, Reutlingen 1998.

Müller, Erich, und Pfister, Armin (Hrsg.): **Das große Kingtaubenbuch**. Geschichte – Zucht – Haltung. Oertel+Spörer, Reutlingen 2003.

Lüthgen, Werner: **Taubenkrankheiten.** Oertel+Spörer, Reutlingen 2006.

Köhler, Dietmar: **Tauben –** Ernährung und Fütterung. Oertel+Spörer, Reutlingen 2011.

Sell, Axel: **Zucht und Vererbung bei Tauben.** In: Alles über Rassetauben. Band I. Oertel+Spörer, Reutlingen 2000.

Sell, Axel und Jana: **Vererbung bei Tauben.** Oertel+Spörer, Reutlingen 2007.

Stach, Günter: **Taubenschläge und Volieren.** Oertel+Spörer, Reutlingen 2012.

Stach, Günter: **Taubenzucht –** Ratgeber für die Praxis. Oertel+Spörer, Reutlingen 2012.